高职高专土建类专业“十四五”规划教材

砌体结构工程施工

主编 韩 庆 王圣翔

郑州大学出版社
郑 州

图书在版编目(CIP)数据

砌体结构工程施工 / 韩庆,王圣翔主编. —郑州 : 郑州大学出版社, 2020. 12(2022.6 重印)

ISBN 978-7-5645-7380-5

Ⅰ. ①砌… Ⅱ. ①韩… ②王… Ⅲ. ①砌体结构-工程施工 Ⅳ. ①TU36

中国版本图书馆 CIP 数据核字(2020)第 204168 号

砌体结构工程施工

QITI JIEGOU GONGCHENG SHIGONG

策划编辑	祁小冬	封面设计	张　庆
责任编辑	王红燕	版式设计	凌　青
责任校对	刘永静	责任监制	凌　青　李瑞卿

出版发行	郑州大学出版社	地　　址	郑州市大学路 40 号(450052)
出 版 人	孙保营	网　　址	http://www.zzup.cn
经　　销	全国新华书店	发行电话	0371-66966070
印　　刷	河南文华印务有限公司		
开　　本	787 mm×1 092 mm　1 / 16		
印　　张	9.25	字　　数	224 千字
版　　次	2020 年 12 月第 1 版	印　　次	2022 年 6 月第 2 次印刷

书　　号	ISBN 978-7-5645-7380-5	定　　价	29.00 元

本书作者

主　编：韩　庆　王圣翔

副主编：王　晔　霍　军

参　编：郭亚南　蒋蕊阳

前言

《砌体结构工程施工》为高职高专土建类“十四五”规划砌体结构工程施工教材。全书从建筑工程技术专业培养目标出发，以土建类高职高专建筑工程技术专业教学的基本要求和《建筑与市政工程施工现场专业人员职业标准》(JGJ/T 250—2011)为引领，主要参照《砌体结构设计规范》(GB 50003—2011)、《砌体结构工程施工规范》(GB 50924—2014)等新标准和新规范编写。重点阐述砌体结构的基本原理及施工工艺、验收标准等相关内容。

本书以培养专业技术应用能力为主线，编写过程中紧紧围绕建筑施工现场一线的职业活动，教学内容取材以从事职业岗位工作“必需”“够用”为原则，将相关规范和标准的内容有机地融入教材，突出实用性和可操作性，力求体现高职高专教育的特色。为便于学习，学生还可通过手机扫描二维码阅读相关资源。

本书内容包括砌体结构基础知识、砖砌体工程施工、砌块砌体结构工程施工、石砌体工程施工、抹灰工程施工、砌体结构质量检验、砌体构件计算、砌体结构工程季节性施工等八章，可作为高等职业教育建筑工程技术专业的教学用书，也可作为相关专业的岗位培训教材或工程技术人员的参考用书。

本书由韩庆、王圣翔担任主编，王晔、霍军担任副主编。各章具体分工如下：第一、二、四章由韩庆（商丘职业技术学院）编写，第三章由王晔（商丘职业技术学院）编写，第五章由霍军（商丘职业技术学院）编写，第六章由郭亚南（商丘职业技术学院）编写，第七章由王圣翔（商丘职业技术学院）编写，第八章由蒋蕊阳（商丘职业技术学院）编写。全书由韩庆老师统一修改定稿。本书在编写过程中得到了商丘职业技术学院史华教授的指导和帮助，在此表示衷心的感谢。

由于编者水平有限，加之编写时间仓促，书中不足之处在所难免，恳请广大读者和同行专家批评指正，以便不断修订和完善。

编 者

2020 年 4 月 16 日

河南省教科规划一般课题+校企合作下高职院校建筑类精品资源共享课程的开发与建设+教教科(2019)402 号。

目 录

第一章 砌体结构基础知识

砌体结构历史悠久，在我国应用很广泛，因为它可以就地取材，具有很好的耐久性及较好的化学稳定性和大气稳定性，有较好的保温隔热性能。砌体结构较钢筋混凝土结构节约水泥和钢材，砌筑时不需模板及特殊的技术设备，可节约木材、铝材等模板材料。但砌体结构也存在自重大、体积大、砌筑工作繁重、抗震性能差等缺点。了解砌体结构的基本概念、组成材料、力学性能是学习砌体结构工程施工的基础。

第一节 砌体结构基础知识

砌体结构简介

一、砌体结构的基本概念

1.砌体结构的定义

砌体结构是指由砌体（块体）材料和砂浆组砌而成的墙、柱作为建（构）筑物主要受力构件的结构，是砖砌体、砌块砌体和石砌体结构的统称。因此，砌体结构又称砖石结构，其中石砌体结构工程在路桥工程中还被称为圬工工程。

砖砌体，包括烧结普通砖、烧结多孔砖、蒸压灰砂普通砖、蒸压粉煤灰普通砖、混凝土普通砖、混凝土多孔砖的无筋和配筋砌体。

砌块砌体，包括混凝土砌块、轻集料混凝土砌块的无筋和配筋砌体。

石砌体，包括各种料石和毛石的砌体。

中国是砌体大国，有举世闻名的万里长城（见图 1.1），它是两千多年前用“秦砖汉瓦”建造的世界上最伟大的砌体工程之一。还有在约 1400 年前由料石修建的现存河北赵县的赵州桥（又称安济桥）（见图 1.2），这是世界上最早的敞肩式拱桥，该桥已被美国土木工程学会选为世界第 12 个“国际历史土木工程里程碑”。

图 1.1　万里长城

图 1.2　赵州桥

2.砌体结构的基本特点

由于砌体材料的抗压强度较高而抗拉强度很低,因此,砌体结构构件主要承受轴心或小偏心压力,而很少受拉或受弯。一般民用和工业建筑的墙、柱和基础都可采用砌体结构,在采用钢筋混凝土框架和其他结构的建筑中,常用砌体做围护结构,如框架结构的填充墙。其他如烟囱、隧道、涵洞、挡土墙、坝、桥和渡槽等,也常采用砖、石或砌块砌体建造。

(1)砌体结构的优点

1)容易就地取材。砖主要用黏土、页岩烧制;砌块可以用工业废料——矿渣制作,来源广泛,价格低廉;石材更是天然材料。

2)砖、石或砌块砌体具有良好的耐火性和较好的耐久性。

3)砌体砌筑时不需要模板和特殊的施工设备。在寒冷地区,冬季可用冻结法砌筑,不需特殊的保温措施。

4)砖墙和砌块墙体能够隔热和保温,既是较好的承重结构,也是较好的围护结构。

(2)砌体结构的缺点

1)与钢筋混凝土相比,砌体材料的强度较低,因此砌体结构构件的截面尺寸较大,材料用量多,自重较大。

2)砌体结构的抗拉和抗剪强度都很低,因而抗震性能较差,震害发生时,砌体材料的强度往往没有充分发挥,结构就已经破坏了,因而在使用上受到一定限制。

3)砌体的砌筑基本上是手工作业方式,施工劳动量大。

4)黏土砖需用黏土制造,在某些地区过多占用农田,影响农业生产。

3.砌体结构的分类

根据块体材料不同,砌体结构可分为砖砌体、砌块砌体、石砌体等砌体结构。

随着人类社会的发展和物质文明与精神文明的进步,建筑出现丰富多彩的形式,其应用异常广泛,工作状况更为复杂,砌体结构按其使用特点和工作状态可作如下分类。

(1)一般砌体结构

一般砌体结构是指用于正常使用状况下的工业建筑与民用建筑(见图 1.3、图 1.4)。如供人们生活起居用的住宅、宿舍、旅馆等居住建筑和供人们进行社会公共活动用的公共建筑。工业建筑则有单层工业厂房和多层工业厂房之分。

图 1.3 工业建筑

图 1.4 民用建筑

(2)特殊用途的砌体构筑物

特殊用途的砌体构筑物,通常称为特殊结构(或特种结构),如烟囱、水塔、料仓及小型水池、涵洞和挡土墙等。

(3)特殊工作状态的砌体建筑物

1)处于特殊环境和介质中的砌体结构建筑物,该类建筑物为保证结构的可靠性和满足建筑使用功能的要求,对建筑结构提出各种防护要求,如防水抗渗、防火耐热、防酸抗腐、防爆炸、防辐射等。

2)处于特殊作用下的建筑物,如有抗震设防要求的建筑结构和在核爆动荷载作用下的防空地下建筑等。

3)具有特殊工作空间要求的建筑物,如底层框架和多层框架砖房以及单层空旷房屋等。

二、砌体结构的历史、现状及发展趋势

1.砌体结构的历史

新中国成立以来,我国砖的年产量逐年增长,据统计,1980 年的年产量为 1600 亿块,1996 年增至 6200 亿块,为世界其他各国每年产量的总和。全国基建中采用砌体做墙体材料的占 90%左右。在办公、住宅等民用建筑中大量采用砖墙承重。20 世纪 50 年代这类房屋一般为 3~4 层,后来发展为 5~6 层,不少城市一般建到 7~8 层。在城镇住宅建筑中,砖混砌体结构工程占有相当大的比例,尤其是在中小城镇中。

中小型单层工业厂房和多层轻工业厂房,以及影剧院、食堂、仓库等建筑曾经广泛采用砖墙、砖柱的承重结构。

砖石结构用于建造各种构筑物,如江苏镇江曾建成的顶部外径 2.18 m、底部外径 4.78 m、高 60 m 的砖烟囱,用料石建成 80 m 排气塔;湖南建造的高 12.4 m、直径 6.3 m、壁厚 240 mm 的砖砌粮仓;福建用毛石建造的横跨云霄、东山两县的大型引水工程——向东渠(见图 1.5),其中陈岱渡槽全长 4400 m、高 20 m,槽支墩共 258 座,工程规模宏大。此外我国在古代建桥技术的基础上,于 1959 年建成跨度 60 m、高 52 m 的石拱桥,接着又建成了敞肩式现代公路桥——湖南乌巢河大桥(见图 1.6),最大跨度达 120 m。截至目前,我国建成的 100 m 以上的石拱桥有 10 座。

图 1.5　向东渠

图 1.6　乌巢河大桥

我国还积累了在地震区建造砌体结构房屋的宝贵经验。我国绝大多数大中城市在 6 度或 6 度以上地震设防区。地震烈度≤6 度地震区的砌体结构经受了地震的考验。经过设计和构造上的改进和处理，还在 7 度区和 8 度区建造了大量的砌体结构房屋。

2.砌体结构的现状

1988 年在第一次国际材料研究会议上首次提出“绿色建材”的概念；1992 年 6 月在巴西里约热内卢召开的联合国环境与发展大会，通过了“21 世纪议程”宣言，确认了“可持续发展”的战略方针，其目标是依据环境再生、协调共生、持续自然的原则，尽量减少自然资源的消耗，尽可能对废弃物再利用和净化，保护生态环境，以确保人类社会的可持续发展。

“绿色建材”革命的首要对象就是在我国曾经广泛采用的烧结黏土砖，为此，国家采取了一系列的墙体材料改革政策和措施。

(1)加大限制高能耗、高资源消耗、高污染低效益的产品的生产力度。对黏土砖（按 1996 年生产 6000 亿块计，其代价是毁田逾 10 万亩、能耗 6000 万吨标煤），国家早就出台了减少和限制的政策。如今，不少城市在建筑上早已不准使用黏土砖。

(2)大力发展蒸压灰砂废渣制品。这包括渣砖、粉煤灰砖、炉渣砖及其空心砌块、粉煤灰加气混凝土墙板等。这些制品我国 20 世纪 80 年代以前生产量曾达 2.5 亿块，消耗掉工业废渣数百万吨，但由于各种原因曾导致大多数生产厂家停产，致使黏土砖生产回潮。

(3)利用页岩生产多孔砖。我国页岩资源丰富，分布地域较广。烧结页岩砖能耗低、强度高、外观规则，其强度等级可达 MU15～MU30，可砌清水墙和中高层建筑。目前建筑工程中使用的普通砖大都是页岩砖。

(4)大力发展废渣轻型混凝土墙板。这种轻型墙板利用粉煤灰代替部分水，骨料为陶粒、矿油或炉渣等轻骨料，加入玻璃纤维或其他纤维。其他还有蒸压纤维水泥板、玻璃纤维增强混凝土（GRC）等，此类轻材料墙板的应用，提高了砌体施工技术的工业化水平。

(5)大力推广复合墙板和复合砌块。目前国内外没有单一材料，既满足建筑节能保温隔热的要求，又满足外墙的防水、强度的技术要求。因此只能用复合技术来满足墙体的多功能要求。如采用矿渣空心砖、灰砂砌块、混凝土空心砌块中的任一种与绝缘材料相复合来满足外墙的功能要求等。

3.砌体结构的发展趋势

(1)发展高强砌体材料

目前我国的砌体材料和发达国家相比，强度低、耐久性差。如黏土砖的抗压强度一般为

7.5~15 MPa,承重空心砖的孔隙率≤25%。而发达国家的抗压强度一般均达到 30~60 MPa,有的能达到 100 MPa,承重空心砖的孔洞率可达到 40%,容重一般为 13 kN/m^3,最轻可达0.6 kN/m^3。

在发展高强块材的同时,研制高强度等级的砌筑砂浆。目前的砂浆强度等级最高为 M15。当与高强块材匹配时,需开发大于 M15 以上的高性能砂浆。

根据发展趋势,为确保质量,发展干拌砂浆和商品砂浆具有很好的前景。前者是把所有配料在干燥状态下混合装包供应,现场按要求加水搅拌即可使用。

(2)研究和应用配筋砌体和预应力砌体

我国虽已初步建立了配筋砌体结构体系,但需研制和定型生产砌块建筑施工用的机具,如铺砂浆器、小直径振捣棒(ϕ≤25 mm)、小型灌孔混凝土浇泵、小型钢筋焊机、灌孔混凝土检测仪等。这些机具对配筋砌块结构的质量至关重要。

预应力砌体的原理同预应力混凝土,能明显改善砌体的受力性能和抗震能力,我国在此方面曾有过研究。国外特别是英国在配筋砌体和预应力砌体方面的水平较高。

第二节　砌体结构主要材料

砌体是由块体和砂浆砌筑形成的共同受力体构件,是用砂浆把块体材料按一定规律砌筑而成。块体材料和砌筑砂浆是砌体结构的主要材料。

一、块体材料

砌砖用块体可分为砖、砌块、石材三大类。按块体的高度尺寸划分,通常把高度小于 180 mm的块体称为砖;高度大于 180 mm 的称为砌块。

砌体块体材料

1.砖

砖是指砌筑用的人造小型块材。外形多为直角六面体,也有各种异形的,其长度不超过 365 mm,宽度不超过 240 mm,高度不超过 115 mm。

砖的强度等级是根据其抗压强度和抗折强度测定的,共分为 MU30、MU25、MU20、MU15、MU10 五个强度等级。

砖按其规格形状的不同可分为:

(1)普通砖(标准砖)即尺寸为 240 mm×115 mm×53 mm 的实心砖(见图 1.7)。

普通砖有经过焙烧的黏土砖、页岩砖、粉煤灰砖、煤矸石砖和不经过焙烧的粉煤灰渣砖、灰砂砖等。普通黏土砖是我国传统的建筑材料,由于取材方便,易于生产和施工,得到普遍应用。它是以黏土为主要原料,经过成型、干燥、焙烧而成的砖。

普通砖的规格是以(砖厚+灰缝):(砖宽+灰缝):(砖长+灰缝)为 1:2:4 的基本原则制定的。普通标准砖的进级尺寸为 240+10=250(mm),与我国现行模数中的 M=100 mm 的基本模数不一致,因此,在设计构件尺寸时或在砖墙上开设洞口时,须注意标准砖的这一特性。

(2)实心砖即无孔洞或孔洞率小于 25%的砖。

(3)微孔砖即通过掺入成孔材料经焙烧、在砖内形成微孔的砖。

(4)多孔砖即孔的尺寸小而数量多的砖。常用于承重部位(见图 1.8)。

多孔砖内孔径不大于 22 mm,孔洞率不小于 15%~30%。多孔砖有 190 mm×190 mm×90 mm和 240 mm×190 mm×90 mm 等多种规格。

(5)空心砖即孔洞率≥40%,孔的尺寸大而数量少的砖。常用于非承重部位(见图 1.9)。

多孔砖和空心砖与普通砖相比,可使建筑自重减轻 1/3 左右,节约黏土 20%~30%,节省燃料 10%~20%,施工效率提高 40%,并能改善砖的隔热和隔声性能,在相同的热工性能要求下,用空心砖砌筑的墙体厚度可减少半砖左右。因此,推广使用多孔砖、空心砖,并用其代替普通砖,这是加快我国墙体改革的重要措施之一。

(6)八五砖即尺寸为 216 mm×105 mm×43 mm 的砖。

(7)异形砖即形状不是直角六面体的砖。常以形状命名,如刀口砖、斧形砖、扇形砖等。

(8)配砖即砌筑时与主规格砖配合使用的砖。如半砖、“七分头”(3/4 砖)等。

图 1.7　普通砖

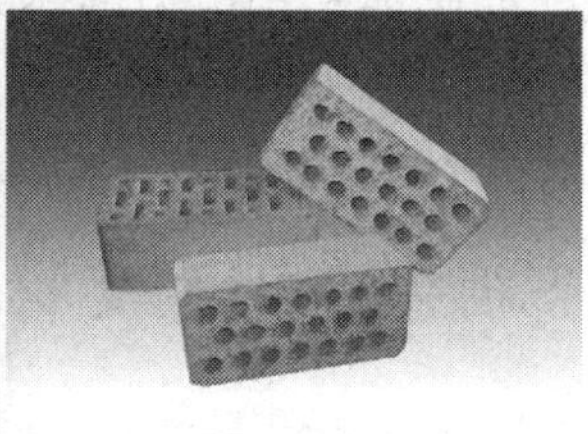

图 1.8　多孔砖

图 1.9　空心砖

砖按其基本原料及生产工艺的不同可分为:

(1)烧结砖

烧结砖是经焙烧而制成的砖,常结合主要原材料命名,如烧结黏土砖、烧结粉煤灰砖、烧结页岩砖、烧结煤矸石砖等。砖焙烧时的火候不当,则会出现欠火砖(色浅、声哑、强度与耐久性差)及过火砖(颜色过深、声音清脆、有弯曲等变形)。根据烧结工艺的不同,可分类如下:

1)红砖　在氧化气氛中烧成的红色黏土质砖。

2)青砖　在还原气氛中烧成的青灰色黏土质砖。即砖坯在氧化气氛中焙烧至 900 ℃以上,再在还原气氛中焙烧,使砖内的高价氧化铁还原成青灰色的低价氧化铁,即为青砖。青砖较红砖结实,耐碱、耐久性好,但价格较红砖贵。

3)内燃砖　主要靠砖坯本身所含的可燃物质(包括原料中的或外掺的)焙烧而成的砖。

(2)非烧结砖

1)蒸养砖　经常压蒸汽养护硬化而制成的砖。常结合主要原料命名,如蒸养粉煤灰砖、蒸养矿渣砖等,在不致混淆的情况下,一般省略蒸养两字。

2)蒸压砖　经高压蒸汽养护硬化而制成的砖。常结合主要原料命名,如蒸压粉煤灰砖、蒸压灰砂砖等。同样,在不致混淆的情况下,一般省略蒸压两字。

3)碳化砖　以石灰为胶凝材料,加入骨料,成型后经二氧化碳处理硬化而成的砖。

(3)混凝土砖

以水泥、骨料,以及根据需要加入的掺合料、外加剂等为原料,经加水搅拌、成型、养护制成的小型块体材料,分为实心砖和多孔砖。

2.砌块

砌块是利用混凝土、工业废料(炉渣、粉煤灰等)或地方材料制成的人造块材,外形尺寸比砖大,具有制造设备简单、砌筑速度快的优点,符合建筑工业化发展中墙体改革的要求。

砌块按尺寸和质量的大小不同分为小型砌块、中型砌块和大型砌块。砌块系列中主规格的高度:大于115 mm而小于380 mm的称作小型砌块,简称小砌块;高度为380~980 mm的称为中型砌块;高度大于980 mm的称为大型砌块。使用中以小型砌块居多。

砌块按外观形状可以分为空心砌块(见图1.10)和实心砌块(见图1.11)两种。无孔洞或孔洞率<25%的为实心砌块,孔洞率≥25%的砌块为空心砌块。空心砌块有单排方孔、单排圆孔和多排扁孔三种形式,其中多排扁孔对保温较有利。

根据材料不同,常用的砌块有普通混凝土与装饰混凝土小型空心砌块、轻集料混凝土小型空心砌块、粉煤灰小型空心砌块、蒸压加气混凝土砌块和石膏砌块。吸水率较大的砌块不能用于长期浸水、经常受干湿交替或冻融循环的建筑部位。

图1.10　空心砌块

图1.11　实心砌块

3.石材

石材是最古老的土木工程材料之一,藏量丰富、分布很广,便于就地取材,坚固耐用,砌筑石材广泛用于砌墙和造桥。世界上许多古建筑都是由石材砌筑而成,至今仍保存完好,但天然石材加工困难,自重大,开采和运输不够方便。

根据组成砌筑石材的岩石形成地质条件不同,砌筑石材可分为岩浆岩石材、沉积岩石材和变质岩石材。

砌筑用岩石经加工成块状或散粒状则称为石料。石料按其加工后的外形规则程度分为毛石和料石。

(1)毛石

毛石是由人工采用撬凿法和爆破法开采出来的不规格石块,一般要求在一个方向有较平整的面,中部厚度不小于150 mm,每块毛石重约20~30 kg。砌体用毛石呈块状,有乱毛石和平毛石之分,乱毛石是指形状不规则的石块,平毛石是指形状不规则,但有两个平面大致平行的石块。毛石在砌筑工程中一般用于基础、护坡、堤坝和墙体(见图1.12)。

(2)料石

砌筑用料石,按其加工面的平整程度分为粗料石和细料石。粗料石亦称块石,形状比毛石整齐,具有近乎规则的6个面,是经过粗加工而得的成品。在砌筑工程中用于基础、房屋勒脚和毛石砌体的转角部位或单独砌筑墙体(见图1.13)。

关于砌筑用石材,目前无专门的国家和行业标准,现行《砌体结构设计规范》(GB 50003—2011)将石材分为MU100、MU80、MU60、MU50、MU40、MU30、MU20七个等级强度等级。

图1.12　毛石

图1.13　料石

二、砌筑砂浆

砌筑砂浆

砌筑砂浆是将单个的砖块、石块或砌块组合成砌体的胶结材料,同时又是填充块体之间缝隙的填充材料。砂浆由胶结料(水泥、石灰)、细集料(砂)、水以及根据需要掺入的掺合料和外加剂等组分,按一定比例(质量比或体积比)混合后搅拌而成。

由于砌体受力不同和块体材料不同,要选择不同的砂浆进行砌筑。砌筑砂浆应具备一定的强度和工作度(或称和易性)。砂浆在砌体中主要起三个作用:

(1)胶结作用,砂浆能把各个块体牢固胶结在一起,保证砌体的整体性。

(2)承载和传力作用,当砂浆硬结后,可以均匀地传递荷载,改善块体的受力状态。

(3)保温隔热和防水作用,由于砂浆填满了砖石间的缝隙,降低了砌体的透风性,对房屋起到保温隔热和防水的作用。

砂浆强度是砂浆的主要指标,其数值与砌体的强度有直接关系。砂浆强度是由砂浆试块的强度测定的。影响砂浆强度的因素有砂浆的配合比、原材料和搅拌时间。

根据用途的不同,砂浆可分为砌筑砂浆、抹面砂浆、装饰砂浆及特种砂浆。

根据胶结材料的不同,砂浆可分为水泥砂浆、石灰砂浆、混合砂浆和聚合物水泥砂浆。

砂浆的强度等级是根据砂浆立方体抗压强度测定的,共分为M15、M10、M7.5、M5、M2.5五个等级。

墙所用的砖和砂浆,主要应根据承载能力、耐久性、保温、隔热等要求选择。要根据各地可能提供的砖和砂浆材料,按技术经济指标较好、符合施工条件的原则确定。

对于一般房屋,承重墙用的砖,强度等级常采用MU10、MU7.5;砂浆强度等级一般采用M5、M7.5,受力较大的部位可采用M10。

1.水泥

水泥的强度等级应根据设计要求进行选择。一般宜用通用硅酸盐水泥或砌筑水泥；M15 以上强度等级的砌筑砂浆宜用 42.5 级通用硅酸盐水泥。

2.砂

砂宜用中砂,其中毛石砌体宜用粗砂。砂的含泥量:对水泥砂浆和强度等级不小于 M5 的水泥混合砂浆不应超过 5%;强度等级小于 M5 的水泥混合砂浆,不应超过 10%。中砂应全部通过 4.75 mm 的筛孔过筛。

3.水

水质应符合现行行业标准《混凝土用水标准》(JGJ 63—2006)的规定。

4.掺合料

(1)石灰膏

生石灰熟化成石灰膏时,应用孔尺寸不大于 3 mm×3 mm 的网过滤,熟化时间不得少于 7 d;磨细生石灰粉的熟化时间不得小于 2 d。沉淀池中储存的石灰膏,应采取防止干燥、冻结和污染的措施。配制混合砂浆时,禁止采用脱水硬化的石灰膏。

(2)电石膏

电石膏是工业废料,水化后成青灰色乳浆,经过滗水和去渣后就可使用,制作电石膏的电石渣应用孔尺寸不大于 3 mm×3 mm 的网过滤,检验时应加热至 70 ℃并保持 20 min,没有乙炔气味后,方可使用。

(3)粉煤灰

粉煤灰是火电厂排出的废料,在砌筑砂浆中掺入一定量的粉煤灰,可以增加砂浆的和易性。粉煤灰具有一定的活性,可节约水泥,但塑化性能不如石灰膏和电石膏。粉煤灰的品质指标应符合《用于水泥和混凝土中的粉煤灰》(GB/T 1596—2017)的相关指标。

(4)磨细生石灰粉

磨细生石灰粉的品质指标应符合相关要求。

5.外加剂

(1)早强剂、缓凝剂、防冻剂等

凡在砂浆中加入的早强剂、缓凝剂、防冻剂等外加剂,应经检验和试配符合要求后,方可使用。

(2)塑化剂

塑化剂是一种加入到砂浆中,能使砂浆产生大量微小的、高分散的、不破灭的空气乳浊液,并在硬化后仍能保持微气泡的物质。塑化剂加入砂浆后首先使砂水混合物中的空气乳浊化,其次在砂浆中的液-固、固-气界面上产生一系列表面作用,生成大量气泡,从而改善砂浆的各种性能。

第三节 砌体结构砌筑工具

一、砌筑工具

1.瓦刀

瓦刀又称泥刀,是供个人使用及保管的工具,用于涂抹、摊铺砂浆、砍削砖块、打灰条及发碹(见图 1.14)。

2.大铲

大铲是用于铲灰、铺灰和刮浆的工具,也可以在操作中用它随时调和砂浆。

大铲以桃形者居多,也有长三角形和长方形的。它是实施“三一”(一铲灰、一块砖、一揉挤)砌筑法的关键工具(见图 1.15)。

施工工具

3.刨锛

刨锛是用以打砍砖块的工具,也可当作小锤与大铲配合使用。为了便于打“七分头”(3/4 砖),有的操作者在刨锛手柄上刻一凹槽线为记号,使凹口到刨锛刃口的距离为 3/4 砖长(见图 1.16)。

4.手锤

手锤俗称小榔头,作敲凿石料和开凿异形砖之用(见图 1.17)。

5.钢凿

钢凿又称錾子,可用 45 号或 60 号钢锻造,一般直径为 20~28 mm,长 150~250 mm。与小锤配合用于打凿石料、开剖异形砖等。其端部有尖头和扁头两种(见图 1.18)。

6.摊灰尺

摊灰尺用不易变形的木材制成。操作时放在墙上作为控制灰缝及铺剖砂浆用(见图 1.19)。

7.溜子

溜子又称灰匙、勾缝刀,一般用 $\phi 8$ 钢筋打扁制成,并装上木柄,通常用于清水墙勾缝。用 0.5~1 mm 厚的薄钢板制成的较宽的溜子,则用于毛石墙的勾缝(见图 1.20)。

8.灰板

灰板又称托灰板,用不易变形的木材制成,在勾缝时,用它承托砂浆(图 1.21)。

9.抿子

用 0.8~1 mm 厚的钢板制成,并铆上执手,安装木柄成为工具,可用于石墙的抹缝、勾缝(见图 1.22)。

10.其他

如铁抹子、塑料抹子、铁锤等(见图 1.23~图 1.25)。

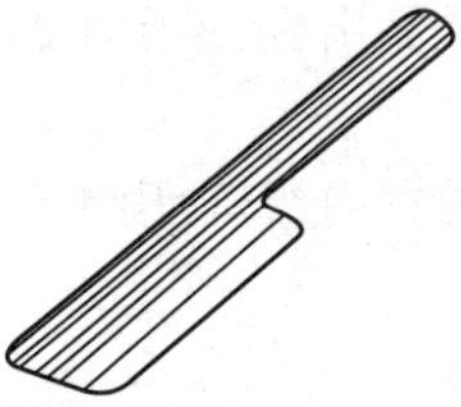

图 1.14　瓦刀

图 1.15　大铲

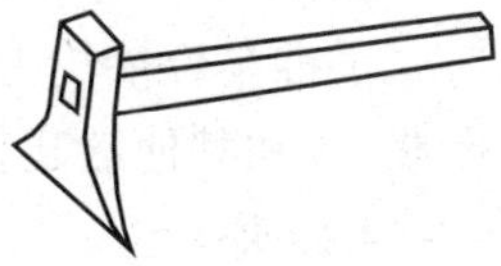

图 1.16　刨锛

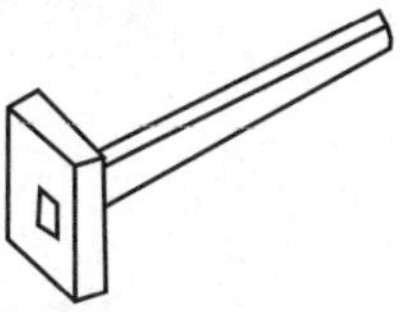

图 1.17　手锤

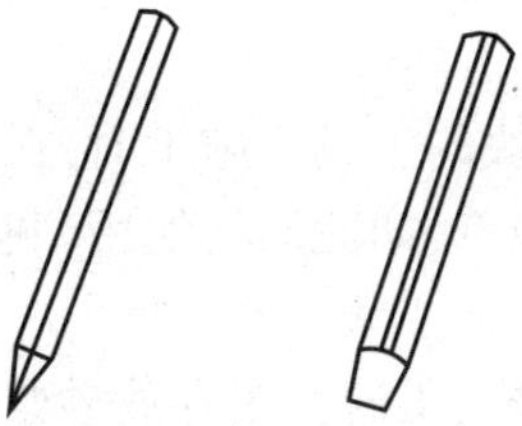

图 1.18　钢凿

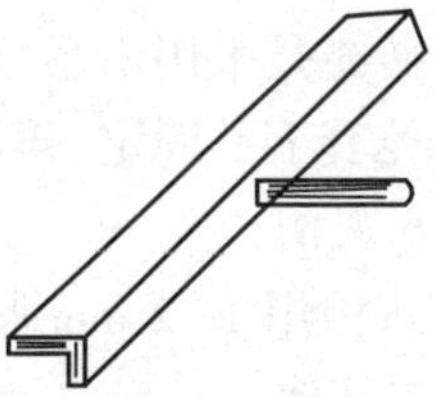

图 1.19　摊灰尺

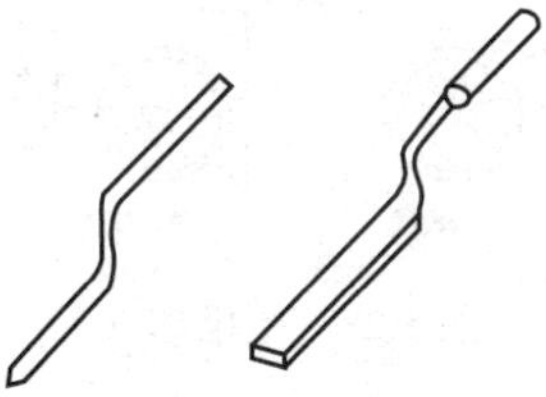

图 1.20　溜子

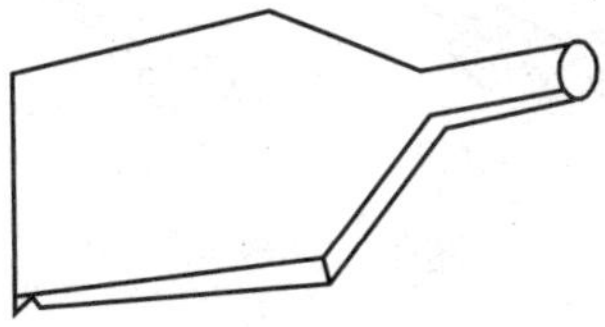

图 1.21　灰板

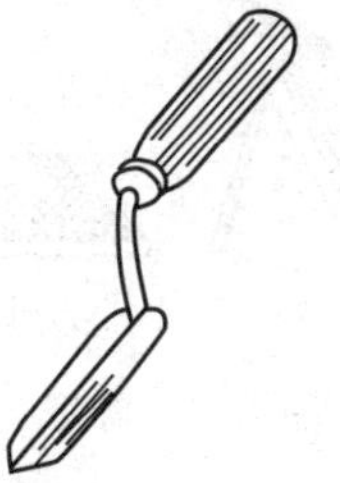

图 1.22　抿子

图 1.23　铁抹子

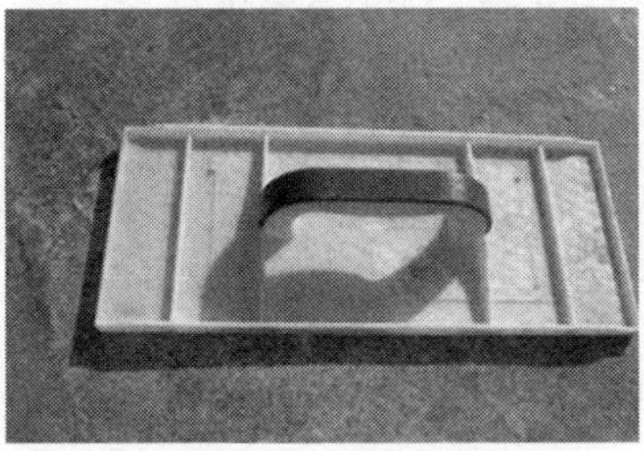

图 1.24　塑料抹子

图 1.25　铁锤

二、其他工具

1.筛子

筛子主要用来筛砂。筛孔直径有 4 mm、6 mm、8 mm 等数种。勾缝需用细砂时，可利用铁窗纱钉在小木框上制成小方筛(图 1.26)。

2.铁锹

铁锹分尖头和方头两种，用于挖土、装车、筛砂等工作。市场上有成品出售(见图1.27)。

3.手推车

手推车容量约为0.12 m^3，轮轴总宽度应小于900 mm，以便于通过室内洞口，用于运输砂浆、砖和其他散装材料(见图1.28)。

4.砖夹

砖夹是施工单位自制的夹砖工具，可用ϕ16钢筋锻造，一次可以夹起四块标准砖，用于装卸砖块(见图1.29)。

5.砖笼

砖笼是采用塔吊施工时吊运砖块的工具。施工时，在底板上先码好一定数量的砖，然后把砖笼套上并固定，再起吊到指定地点，如此周转使用(见图1.30)。

6.灰槽

灰槽用1~2 mm厚的黑铁皮制成，供砖瓦工存放砂浆用(见图1.31)。

7.其他

如橡皮水管、大水桶、灰镐、灰勺、钢丝刷等(见图1.32)。

图1.26　筛子

图1.27　铁锹

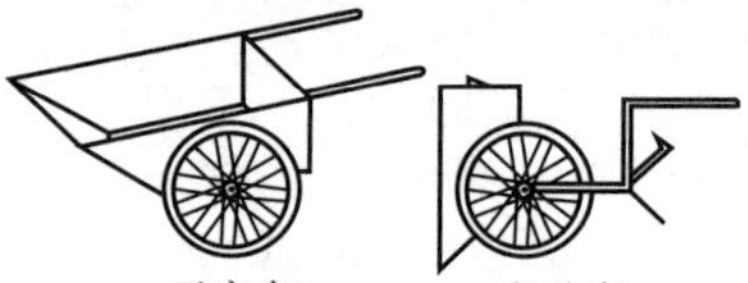

图1.28　手推车

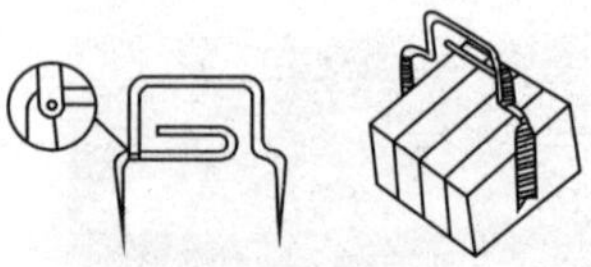

图1.29　砖夹

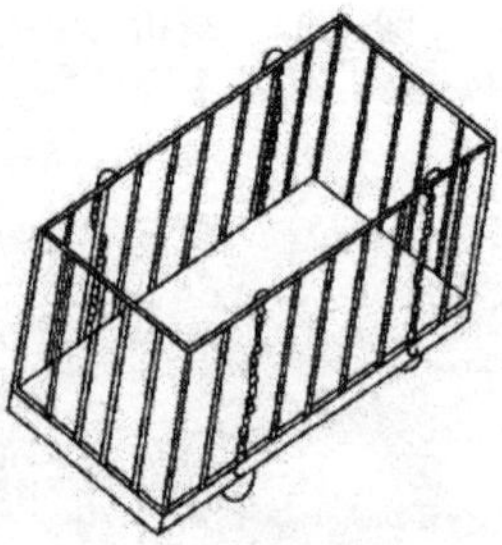

图1.30　砖笼

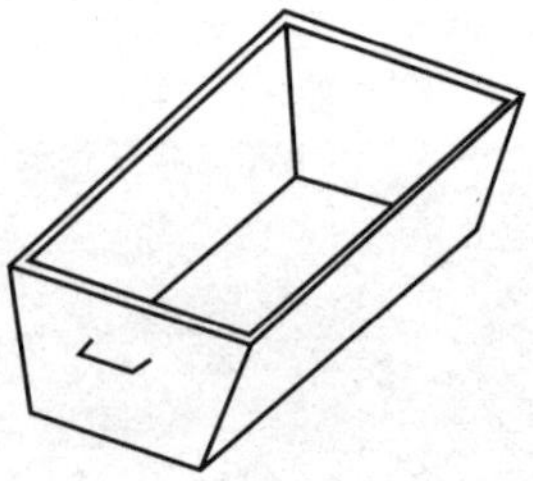

图1.31　灰槽

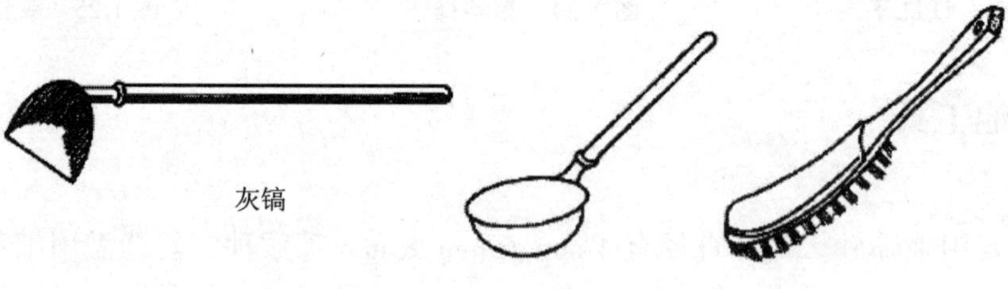

图1.32　其他工具

第四节　砌体结构检测工具

1.钢卷尺

钢卷尺有 1 m、2 m、3 m、5 m、30 m 及 50 m 等几种规格。砖瓦工操作宜使用 2 m 的钢卷尺。钢卷尺应选用有生产许可证的厂家生产的产品。钢卷尺主要用来测量轴线尺寸、位置及墙长、墙厚，还有门窗洞口的尺寸、留洞位置尺寸等(见图 1.33)。

检测工具

2.托线板

托线板又称靠尺板，用于检查墙面是否垂直及其平整度。由施工单位用木材自制，长 1.2～1.5 m，也有铝制商品(见图 1.34)。

3.线坠

线坠吊挂垂直，主要与托线板配合使用(见图 1.34)。

4.塞尺

塞尺与托线板配合使用，来测定墙、柱的垂直、平整度的偏差。塞尺上每一格表示厚度方向 1 mm。使用时，托线板一侧紧贴于墙面或柱面上，如果墙面或柱面的平整度不够，必然与托线板产生一定的缝隙，用塞尺轻轻塞进缝隙，塞进格数就表示墙面或柱面偏差的数值(见图 1.35)。

5.水平尺

水平尺用铁和铝合金制成，中间镶嵌玻璃水准管，用来检查砌体水平位置的偏差(见图 1.36)。

6.准线

准线指砌墙时拉的细线，一般使用直径为 0.5～1 mm 的小白线、麻线、尼龙线或弦线，用于砌体砌筑时拉水平用，另外也用来检查水平缝的平直度。

7.百格网

百格网是用于检查砌体水平缝砂浆饱满度的工具，可用铁丝编制、锡焊而成，也有在有机玻璃上划格而成，其规格为一块标准砖的大面尺寸。将其长宽方向各分成 10 格，画成 100 个小格，故称为百格网(见图 1.37)。

8.方尺

用木材制成边长为 200 mm 的直角尺，有阴角和阳角两种，分别用于检查砌体转角的方正程度(见图 1.37)。

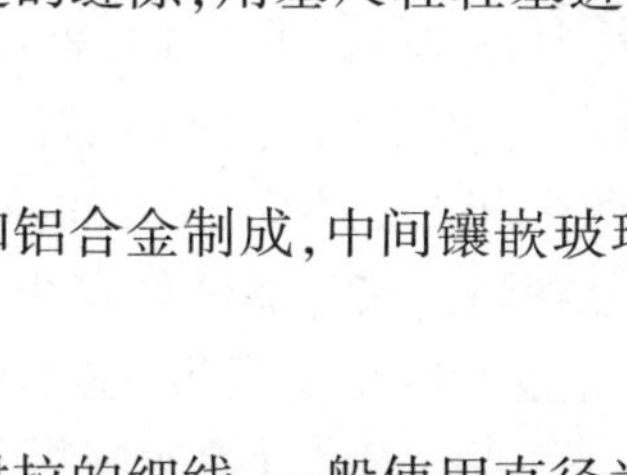

图 1.33　钢卷尺

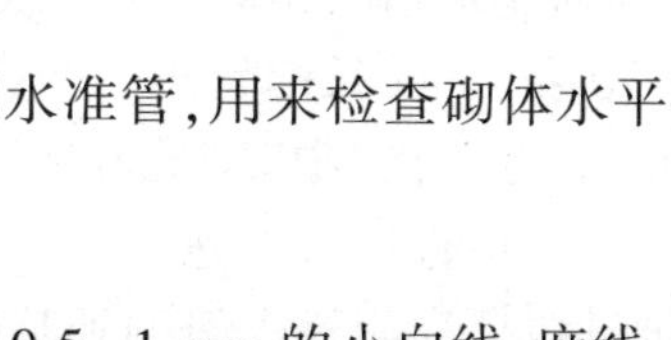

图 1.34　托线板、线坠

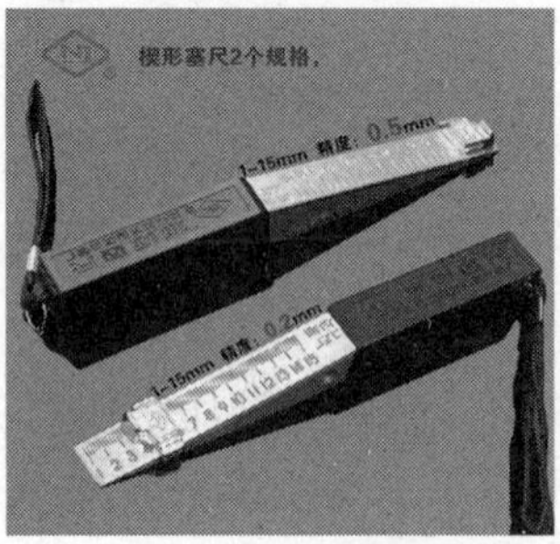

图 1.35　塞尺

图 1.36　水平尺

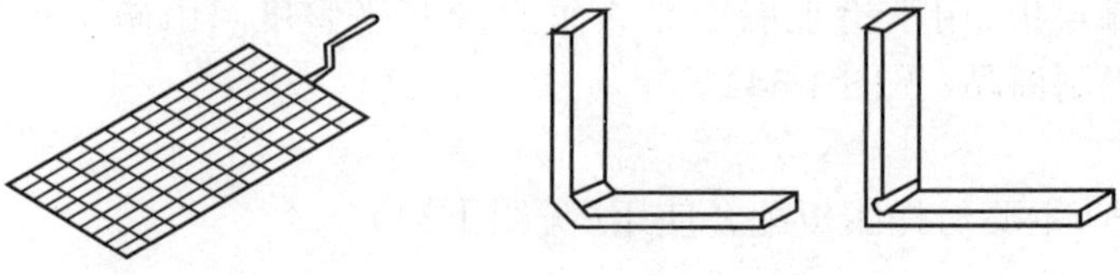

(a)　(b)　(c)

图 1.37　百格网、阴阳角方尺

9.龙门板

龙门板是在房屋定位放线后,砌筑时定轴线、中心线的标准(图 1.38)。施工定位时一般要求板顶部的高程即为建筑物的相对标高±0.000。在板上画出轴线位置,以画“中”字示意,板顶面还要钉一根 20~25 mm 长的钉子。当在两个相对的龙门板之间拉上准线时,该线就表示为建筑物的轴线。有的在“中”字的两侧还分别画出墙身宽度位置线和大放脚排底宽度位置线,以便于操作人员检查核对。施工中严禁碰撞和踩踏龙门板,也不允许坐人。建筑物基础施工完毕后,把轴线标高等标志引测到基础墙上后,方可拆除龙门板、龙门桩。

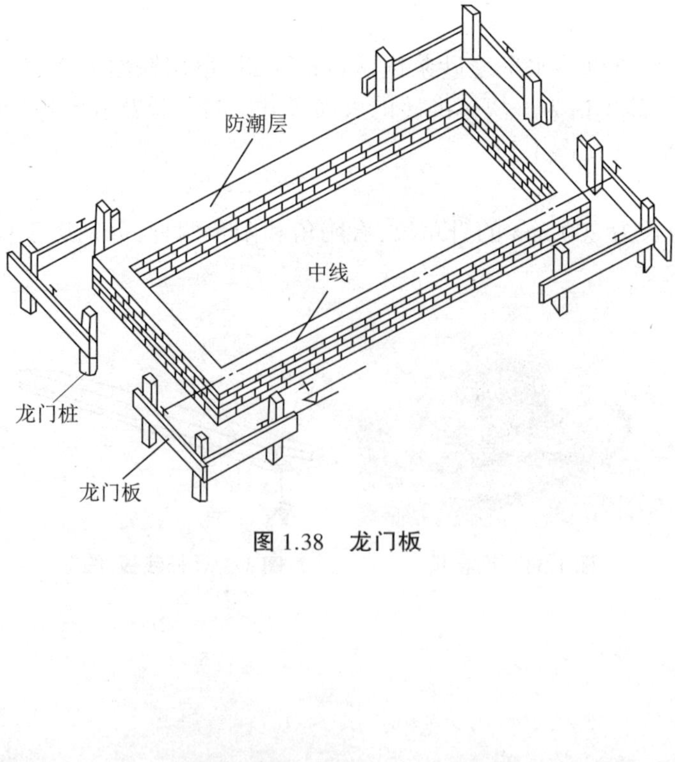

图 1.38　龙门板

10.皮数杆

皮数杆(见图 1.39)指在其上划有每皮砖和灰缝厚度,以及门窗洞口、过梁、楼板等高度位置的一种木质标杆,也可使用铝合金杆。它是砌筑砌体在高度方向的基准。皮数杆分为基础用皮数杆和地上用皮数杆两种。

基础用皮数杆比较简单,一般使用 30 mm×30 mm 的小木杆,由现场施工员绘制。一般在进行条形基础施工时,先要在立皮数杆的地方预埋一根小木桩,到砌筑基础墙时,将画好的皮数杆钉到小木桩上。皮数杆顶应高出防潮层的位置,杆上要画出砖皮数、地圈梁、防潮层等的位置,并标出高度和厚度。皮数杆上的砖层还要按顺序编号。画到防潮层底的标高处,砖层必须是整皮数。如果条形基础垫层表面不平,可以在一开始砌砖时就用细石混凝土找平。

地上用皮数杆,也称为大皮数杆(见图 1.40)。一般由施工人员经过计算排画,经质检人员检验合格后方可使用。皮数杆的设置,要根据房屋大小和平面复杂程度而定,一般要求转角处和施工段分界处设立皮数杆。当为一道通长墙身时,皮数杆的间距要求不大于 20 m。如果房屋构造比较复杂,皮数杆应该编号,并对号入座。

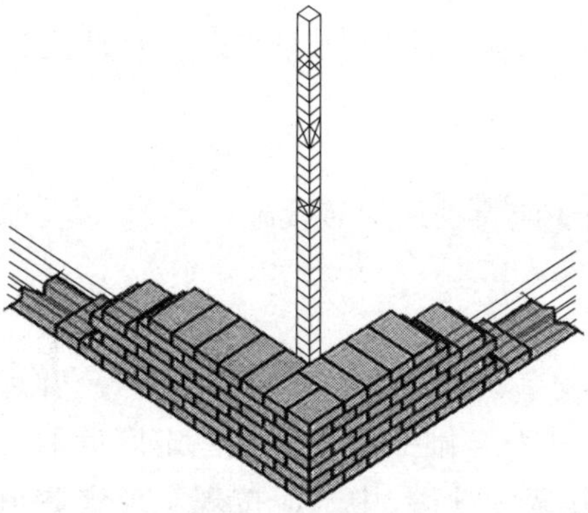

图 1.39　皮数杆

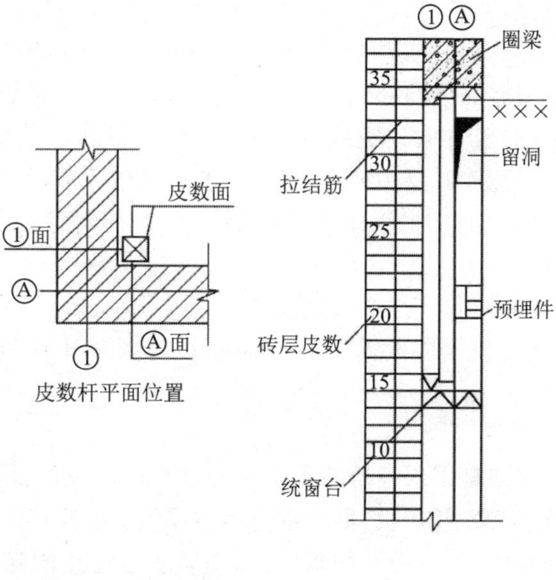

图 1.40　皮数杆展开图

第五节　砌体结构施工机具与设备

施工机具和设备

一、砂浆搅拌机

砂浆搅拌机是砌筑工程中常用的机械,用来制备砌筑和抹灰用的砂浆(见图 1.41)。常用规格是 0.2 m^3 和 0.325 m^3,台班产量为 18~26 m^3。

图 1.41 砂浆搅拌机

砂浆搅拌机操作要求如下：

(1)机械的安装应平稳、牢固,地基应夯实、平整。

(2)移动式砂浆搅拌机的安装,其行走轮应离开地面,机座要高出地面一定距离,以便于出料。

(3)开机前应先检查电气设备的绝缘和接地是否良好,皮带轮和齿轮必须有防护罩,并对机械需润滑的部位加油润滑,并检查机械各部件是否正常。

(4)工作时先空载转动 1 min,检查其传动装置工作是否正常,在确保正常状态后再加料搅拌。搅拌时要边加料边加水,要避免过大粒径的颗粒卡住叶片。

(5)加料时,操作工具(如铁锹)不能碰撞搅拌叶片,更不能在转动时把工具伸进机内扒料。

(6)工作完毕必须把搅拌机清洗干净。

(7)机器应设置在工作棚内,以防雨淋日晒,冬期还应有挡风保暖设施。

二、井架

井架是多层建筑施工常用的垂直运输设备,俗称绞车架,一般用钢管、型钢支设,并配置吊篮、天梁、卷扬机,形成垂直运输系统(见图 1.42)。井架基础一般要埋在一定厚度的混凝土底板内,底板中预埋螺栓,与井架底盘连接固定。井架的顶端、中部应按规定设置数道缆风绳,以保证井架的稳定。

图 1.42 井架

三、龙门架

龙门架由两根立杆和横梁构成(见图 1.43)。立杆由角钢或 $\phi200 \sim \phi250$ 的钢管组成,配上吊篮用于材料的垂直运输。

由于龙门架的吊篮突出在立杆之外,所以要求吊篮周围必须设有护身栏,同时在立管上制作悬臂角钢支架,配上滚杠,作为吊篮到达使用层时临时搁放的安全装置。

图 1.43 龙门架

四、附壁式升降机

附壁式升降机又叫附墙外用电梯,由垂直井架和导轨式外用笼式电梯组成,用于高层建筑的施工(见图 1.44)。该设备除载运工具和物料外,还可载人上下,架设安装比较方便,操作简单,使用安全。

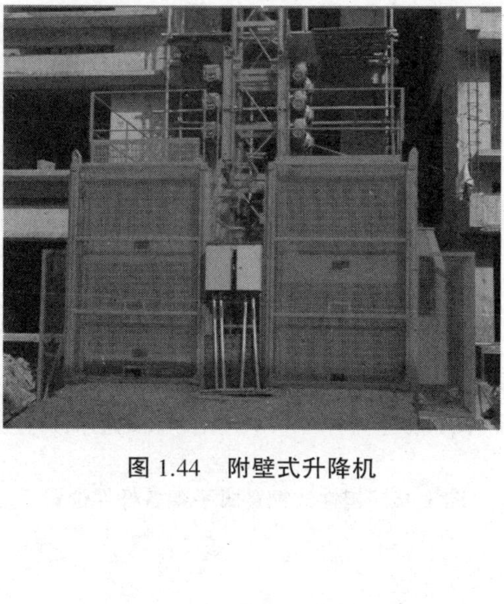

图 1.44 附壁式升降机

五、塔式起重机

塔式起重机俗称塔吊。它是由竖直塔身、起重臂、平衡臂、基座、平衡座、卷扬机及电气设备组成的较庞大的机器(见图1.45)。由于它能回转360°及具有较高的起重高度,形成了一个很大的工作空间,是垂直运输机械中工作效能较高的设备。塔式起重机有固定式和行走式两类。

图1.45 塔式起重机

六、脚手架

1.外脚手架

外脚手架沿建筑物外围从地面搭起,既可用于外墙砌筑,又可用于外装饰施工。其主要形式有多立杆式、框式、桥式等。多立杆式应用最为广泛。

(1)基本组成

多立杆式脚手架主要由立柱、纵向水平杆(大横杆)、横向水平杆(小横杆)、脚手板、栏杆、抛撑、斜撑等组成。其特点是每步架高可根据施工需要灵活布置。多立杆式脚手架分双排式和单排式两种。沿墙外侧设两排立杆,小横杆两端支承在内外两排立杆上,多、高层房屋均可采用,当房屋高度超过50 m时,需专门设计。单排式沿墙外侧仅设一排立杆,其小横杆与大横杆连接,另一端支承在墙上,仅适用于荷载较小、高度较低(≤25 m)、墙体有一定强度的多层房屋。

扣件式钢管脚手架各杆位置见图1.46。

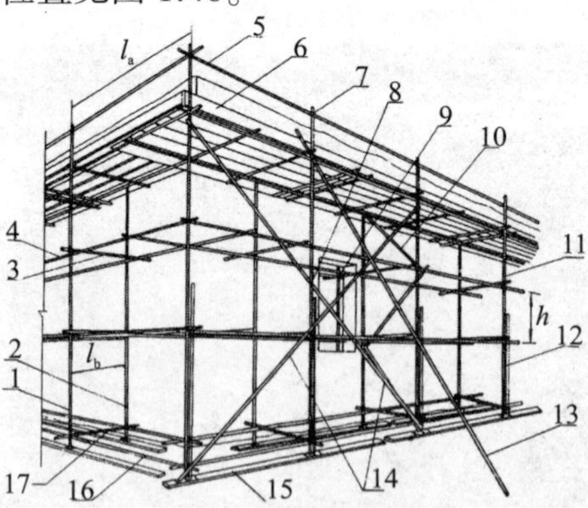

1—外立杆;2—内立杆;3—横向水平杆;4—纵向水平杆;5—栏杆;6—挡脚板;7—直角扣件;8—旋转扣件;9—连墙件;10—横向斜撑;11—主立杆;12—副立杆;13—抛撑;14—剪刀撑;15—垫板;16—纵向扫地杆;17—横向扫地杆

图1.46 扣件式钢管脚手架各杆件位置

(2)扣件

有可锻铸铁铸造扣件和钢板压制扣件两种。扣件的基本形式:直角扣件,用于连接两根互相垂直相交的钢管;回转扣件,用于连接两根以任意角度相交的钢管;对接扣件,用于钢管的对接接长(见图1.47)。

(a) 直角扣件　(b) 回转扣件　(c) 对接扣件

图1.47　扣件

2.里脚手架

里脚手架搭设于建筑物内部,每砌完一层墙后,即将其转移到上一层楼层,进行新的一层砌体砌筑,它可用于内外墙的砌筑和室内装饰施工。里脚手架用料少,但装拆频繁,故要求轻便灵活,装拆方便。其主要结构形式有折叠式、支柱式和门架式等。

(1)折叠式

折叠式里脚手架适用于民用建筑的内墙砌筑和内粉刷,也可用于砖围墙、砖平房的外墙砌筑和粉刷。根据材料不同,分为角钢折叠式里脚手架(见图1.48)、钢管折叠式里脚手架(见图1.49)和钢筋折叠式里脚手架。角钢折叠式里脚手架的架设间距,砌墙时不超过2 m。

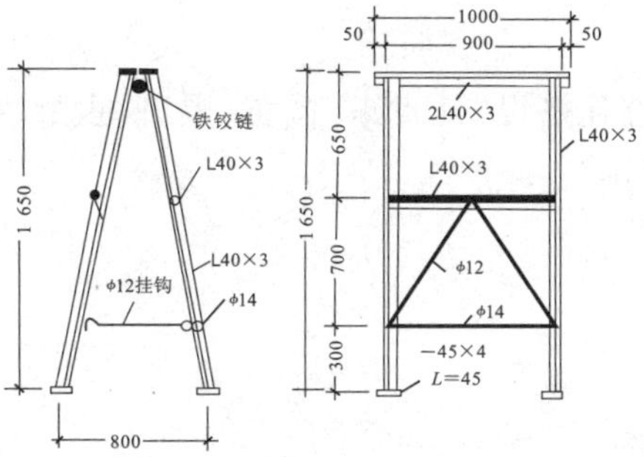

图1.48　角钢折叠式里脚手架

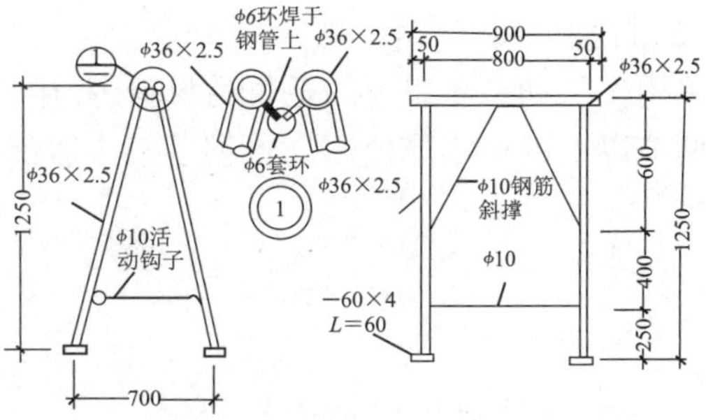

图1.49　钢管折叠式里脚手架

(2)支柱式

支柱式里脚手架由若干个支柱和横杆组成,适用于砌墙和内粉刷(见图1.50)。其搭设间距,砌墙时不超过2 m。支柱式里脚手架的支柱有套管式和承插式两种形式。套管式里脚手架,是将插管插入立管中,以销孔间距调节高度,在插管顶端的凹形支托内搁置方木横杆,横杆上铺设脚手架。架设高度为1.5~2.1 m。

(3)门架式

门架式里脚手架由两片A形支架与门架组成,适用于砌墙和粉刷(见图1.51)。砌墙时,支架间距不超过2.2 m。按照支架与门架的不同结合方式,分为套管式和承插式两种。

A 形支架有立管和套管两部分,立管常用 ϕ50 mm×3 mm 的钢管,支脚可用钢管、钢筋或角钢焊成。套管式的支架立管较长,中立管与门架上的销孔调节架子高度。承插式的支架立管较短。承插式门架在架设第二步时,销孔要插上销钉,防止 A 形支架被撞后转动。

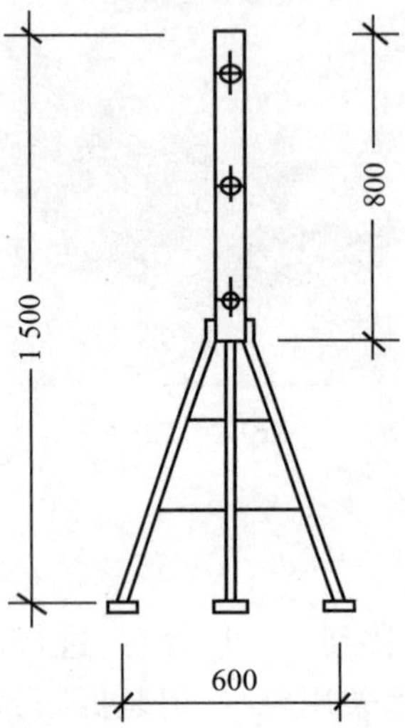

图 1.50 套管式里脚手架(支柱式)

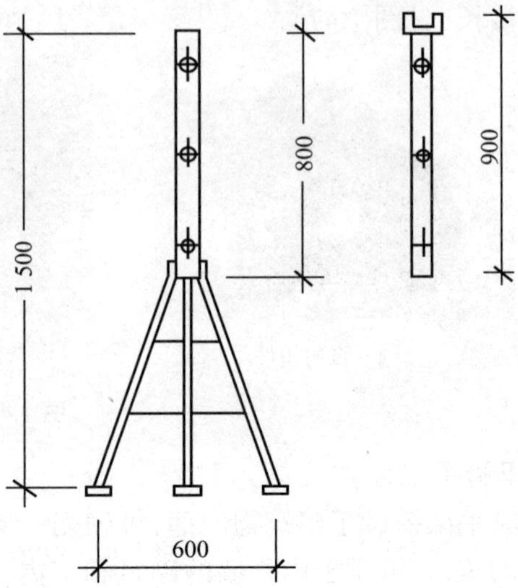

图 1.51 套管式里脚手架(门架式)

3.其他脚手架

(1)木脚手架

采用剥皮杉杆作为杆材,用 8 号镀锌铁丝绑扎搭设。因铁丝容易生锈,故此类脚手架适用于北方气候干燥地区。

(2)竹脚手架

采用生长期三年以上的毛竹为材料,并用竹篾绑扎搭设,凡青嫩、橘黄、黑斑、虫蛀、裂纹连通两节以上的均不能使用。竹脚手架一般都搭双排。

第二章 砖砌体工程施工

砖砌体工程施工根据砌体结构工程相关的标准、规范及标准设计图集，针对高职高专建筑工程技术培养目标中对砖砌体工程施工的知识和能力的要求编写而成。结合砖砌体工程的施工实践，描述了砌体墙的施工、砌筑工艺方法、砖柱施工、砖基础施工、砖过梁施工的施工工艺及要求，比较全面系统地阐述了砌体结构工程施工的理论知识和施工技术，具有实践性、针对性和实用性强的特点。

第一节 砌筑工艺方法

一、"三一"砌砖法

"三一"砌砖法又称铲灰挤砌法，它的基本动作是"一铲灰、一块砖、一挤揉"(见图2.1)。

"三一"砌砖法

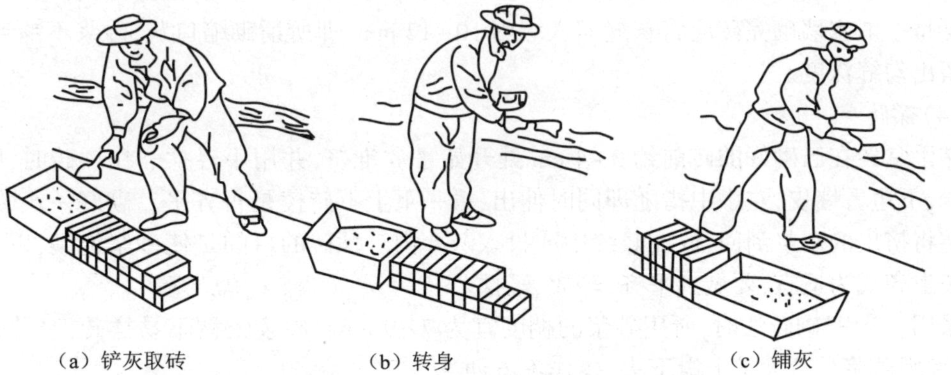

(a) 铲灰取砖　(b) 转身　(c) 铺灰

图2.1 "三一"砌砖法

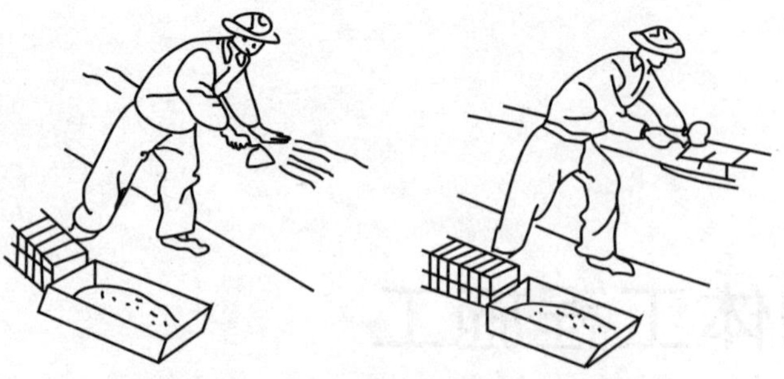

（d）挤压　　（e）余灰甩入竖缝

续图 2.1

1.操作方法

(1)步法

操作时，人应顺墙体斜站，左脚在前，离墙 15 cm 左右，右脚在后，距墙及左脚跟约 30~40 cm。砌筑方向是由前往后退着走，这样操作可以随时检查已砌好的砖是否平直。砌完 3~4 块顺砖后，左脚后退一大步(约 70~80 cm)，右脚后退半步，人斜对墙面可砌筑约50 cm，砌完后左脚退半步，右脚退一步，恢复到开始砌砖时部位。如此反复上述步法继续砌砖。

(2)铲灰取砖

铲灰时取灰量要根据灰缝厚度大小确定，以满足一块砖的需要量为准。取砖时应随拿砖随挑选好下一块砖。左手拿砖，右手拿灰，同时拿起来，以减少弯腰次数，争取砌筑时间。

(3)铺灰

铺灰是砌筑中比较关键的动作，铺灰动作可分为甩、溜、丢、扣等。

在砌顺砖时，当墙砌得不高而且距操作者较远时，可采用溜灰方法铺灰；当墙砌得较高，近身砌砖时可采用扣灰方法铺灰；还可以采用甩灰方法铺灰。

在砌丁砖时，当墙砌得较高而且近身时，可采用丢灰方法铺灰，还可以用扣灰方法铺灰。

不论采用哪一种铺灰动作，都要求铺出的灰条近似砖的外形，厚度使摊铺面积正好能砌一块砖，长度比一块砖稍长 1~2 cm，宽约 8~9 cm，灰条与墙面距离约 2 cm，并与前一块砖的灰条相接。不要铺得超过已砌完的砖太多，否则先铺的灰由于砖吸水分会变稠，不利于下一块砖揉挤。清水墙砌完砖应将灰缝缩入墙内 10~12 mm，即所谓砌缩口灰，砂浆不铺到边，以便预留出勾缝深度。

(4)揉砖

左手拿砖在已砌好的砖前约 3~4 cm 处开始平放推挤，并用手轻揉。在揉砖时，眼要上边看线，下边看墙皮，左手中指随即同时伸出，摸一下上下砖棱是否齐平。砌好一块砖后，随即用铲将挤出的砂浆刮回，放在竖缝中或投入灰斗内。揉砖的目的是使砂浆饱满，以揉到下齐砖棱上齐线为适宜，要做到平齐、轻放、轻揉。

采用“三一”砌砖法时，所用砂浆的稠度宜为 7~9 cm。砂浆太稠不易揉砖，竖缝也填不满；太稀则砂浆易从大铲上滑下去，操作不方便。

2.操作环境布置

砖和灰斗在操作面上的安放位置，应以方便操作者砌筑为准，安放不当会打乱步法，增加砌筑中的多余动作(见图 2.2)。

灰斗的放置由墙角开始,第一个灰斗布置在离大角 600~800 mm 处,沿墙的灰斗距离为 500 mm 左右,灰斗之间码放两排砖,要求排放整齐。遇有门窗洞口处可不放料,灰斗位置相应退出门窗口 600~800 mm,材料与墙之间留出 500 mm,作为操作者的工作面。砖和砂浆的运输在墙内楼面上进行。

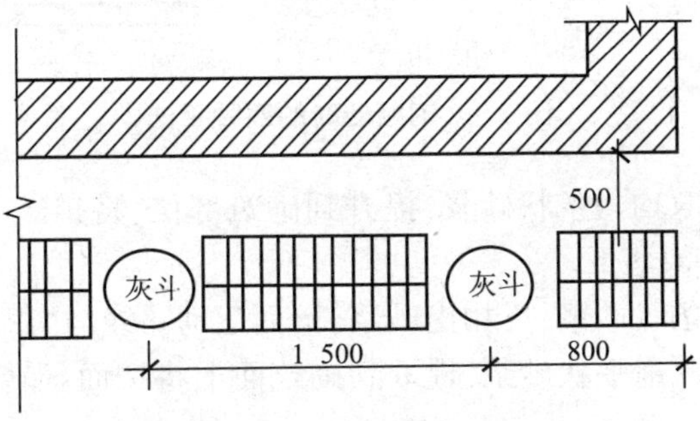

图 2.2 灰斗和砖的排放

3.“三一”砌砖法的优缺点

由于铺出来的砂浆面积相当于一块砖的大小,并随即揉砖,因此灰缝容易饱满,黏结力强,能保证砌筑质量;在挤砌时随手刮去挤出的砂浆,使墙面保持清洁。

这种操作方法一般是个人单干,发挥分工协作的效能较差;操作时取砖、铲灰、铺灰、转身、弯腰等烦琐动作较多,要耗去一定时间,影响砌筑效率。因而实际中常用 2 铲灰砌 3 块砖或 3 铲灰砌 4 块砖的办法来提高砌筑效率。

“三一”砌砖法适合于砌窗间墙、柱、垛、烟囱筒壁等较短的部位。

二、“二三八一”砌砖法

“二三八一”砌砖法

“二三八一”砌砖法是在“三一”砌砖法的基础上,将各种最佳动作加以汇总、简化、提炼,重新组合成符合人体生理活动规律的砌砖动作,即两种步法、三种身法、八种铺灰手法、一种挤浆和刮余浆动作。这种砌砖法促使砌砖动作实现科学化、标准化,从而达到了降低劳动强度,提高砌筑质量和效率的目的。

1.两种步法

两种步法即丁字步和并列步。砌砖采取后退砌法,开始砌筑时,人斜站成丁字步,按丁字步迈出一步,可砌 1 m 长的墙。砌至近身,前腿后退半步,成并列步正面对墙,又可砌 50 cm长的墙。砌完后将后腿移至另一灰槽边,复而又成丁字步,重新完成如上动作。

2.三种身法

身法主要指砌砖弯腰动作,分为侧身弯腰、丁字步正弯腰、并列步正弯腰三种动作。铲灰拿砖时用侧身弯腰,成丁字步正弯腰进行铺灰砌砖,砌至近身前腿后撤,铲灰→拿砖→侧身弯腰→转身成并列步→正弯腰进行铺灰砌砖,身体重心还原。

3.八种铺灰手法

(1)砌顺砖时,采用“甩、扣、泼、溜”四种手法(见图 2.3)。

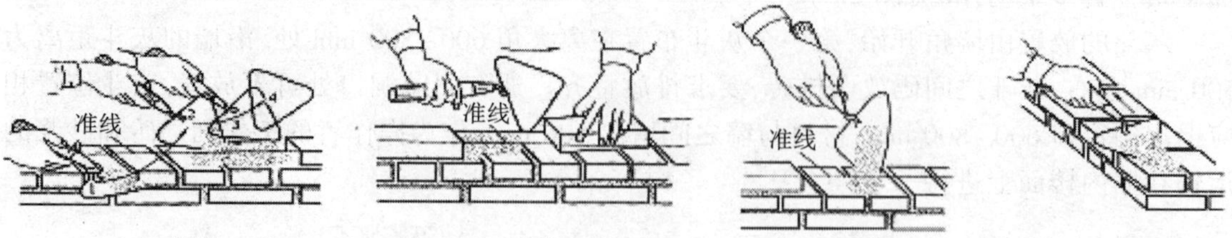

图 2.3 砌顺砖时的四种手法

1)“甩”是用大铲铲取均匀条状砂浆,提升到砌筑部位,将铲转 90°(手心向上),顺砖面中心甩出,使砂浆拉长均匀落下。

2)“扣”是用大铲取条状砂浆,反扣出砂浆,铲面运动路线与“甩”正好相反,手心向下。

3)“泼”是用大铲铲取扁平状砂浆,提取到砌筑面上将铲面翻转,手柄在前,平行向前推进,泼出砂浆。

4)“溜”是用大铲铲取扁平状砂浆,将铲送到墙角部位,比齐墙边抽铲落浆。

(2)砌丁砖时,采用“扣、溜、泼、一带二”四种手法(见图 2.4)

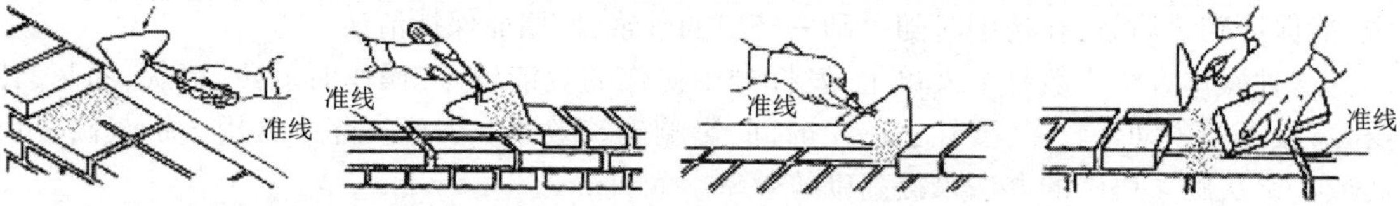

图 2.4 砌丁砖时的四种手法

1)“扣”是用大铲铲取砂浆时前部略低,扣在砖面上的砂浆外口稍厚一些。

2)“溜”是用大铲铲取扁平状砂浆,铺灰时将手臂伸过准线,铲边比齐墙过,抽铲落浆。

3)“泼”是用大铲铲取扁平状砂浆,泼灰时落灰点向里移 20 mm,挤浆后成深 10 mm 左右的缩口缝。

4)“一带二”是用大铲铲取砂浆,大铲即将向下落灰前,右手持砖伸到落灰的位置,当砂浆向下落时,砖顺面的一端也落上少许砂浆,这样砖放到的位置便有了碰头灰。这种铺灰后要用大铲摊一下砂浆,才可摆砖挤压。

4.一种挤浆和刮余浆动作

挤浆时将砖落在砖长(宽)约 2/3 砂浆条处,将高出灰缝厚度的砂浆,推挤入竖缝内。同时通过揉搓将过多的砂浆挤出,随后把余浆甩入碰头缝内或回刮带回灰槽。接刮余浆应与挤浆同时完成。余浆有时一次刮不净,可在转身铲灰之际,由前向后回刮一次,将余浆带回灰槽。若砌清水墙,则回刮动作改为用铲边划缝动作,使砌墙作业同时完成部分划缝工作。随时检查砖下棱对齐情况,如有偏差及时调整(见图 2.5)。

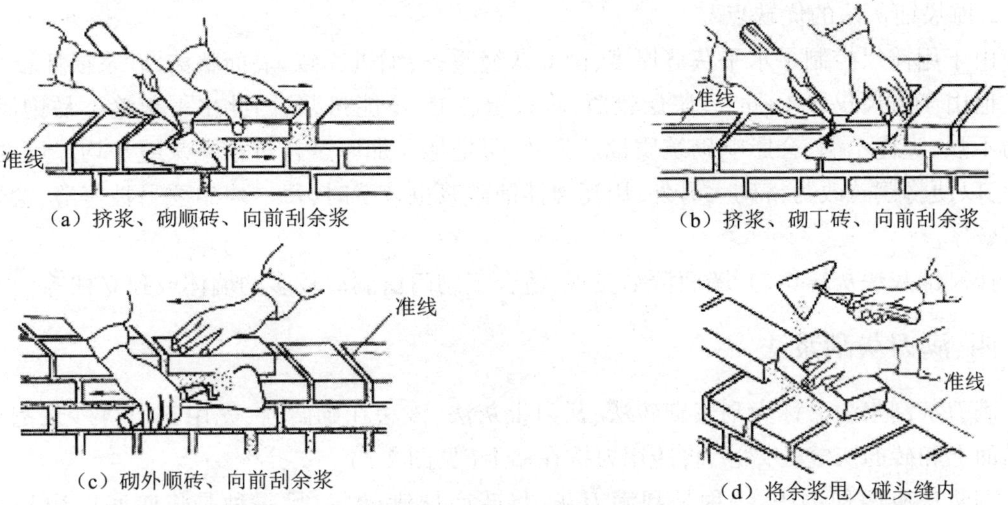

图 2.5　挤浆和刮余浆动作

三、摊尺铺灰法

1.操作方法

砌砖时,先在墙上铺 1 m 左右长度的砂浆,用摊灰尺找平,然后在其上砌砖,称为摊尺铺灰法,又叫座浆砌砖法,它是利用摊尺来控制摊铺砂浆的厚度(见图 2.6)。

操作时,人站立的位置以距离墙面 10~15 cm 为宜,左脚在前,右脚在后,人斜对墙面,砌筑时随着砌筑前进方向,退着走,每退一步可砌 3~4 块顺砖长。

砌筑时,先转身用双手拿灰勺取砂浆,把砂浆均匀地倒在墙上,每次砂浆摊铺长度不宜超过 1 m。再转过身来,左手拿摊尺,平搁在砖墙的边棱上,右手拿瓦刀刮平砂浆,在砌砖时,右手握瓦刀,左手拿砖,披好竖缝,随即砌上,看齐、放平、摆正。砌完一段后,将瓦刀放在最后一块砌好的砖上,转身再取砂浆,进入下一循环操作。

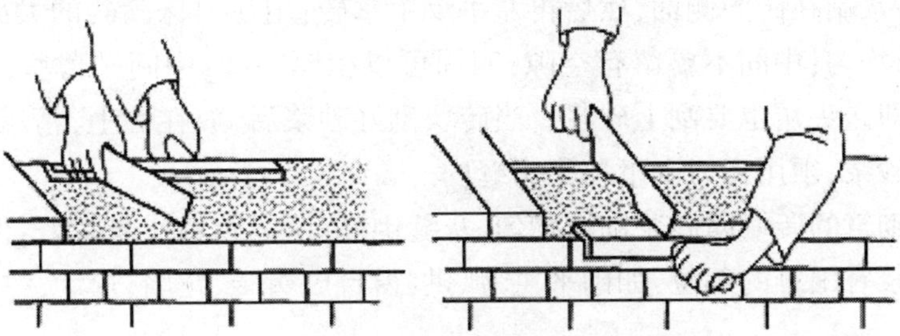

图 2.6　摊尺铺灰法

要注意的是,摊尺铺灰法的竖缝砂浆要另外用瓦刀抹上去,不允许在摊平后的砂浆中刮取竖缝浆,以免影响水平灰缝的砂浆饱满度。

摊尺铺灰砌筑时,当砌一砖墙时,可一人自行铺灰砌筑,墙较厚时可组成二人小组,一人铺灰,一人砌砖,分工协作密切配合,这样会提高工效。

2.摊尺铺灰法的优缺点

由于用摊尺控制了水平灰缝厚度,因此灰缝整齐,缩进一致,墙面整洁,砂浆损耗较小。

但由于摊尺仅厚 1 cm,砂浆层较薄,砖只能摆上,不能挤浆,因此水平灰缝不易饱满,黏结力不强,竖缝不满,会影响砌筑质量。为此,可把摊尺加厚至超过水平灰缝平均厚度 3 mm 以上,以便将摆砖改为挤砌。另外,用瓦刀摊铺砂浆也较费时,每一块砖要另披竖缝,会影响砌筑效率。

摊尺铺灰法灰缝均匀,墙面清洁美观,适合于砌门窗洞口较多的墙体或独立柱等。

四、满刀灰刮浆法

满刀灰刮浆法又称为刮浆砌砖法、瓦刀批灰法,该法在砌砖时,先用瓦刀将砂浆刮在砖黏结面上和砖的灰缝处,然后将砖用刀按在墙上(见图 2.7)。

刮浆法有两种手法,一种是刮满刀灰,将砖底抹满砂浆;另一种是将砖底四边刮上砂浆,而中间留空,此种方法因灰浆不易饱满,易降低砌体强度。故砌砖时一般采用满刀灰浆法。

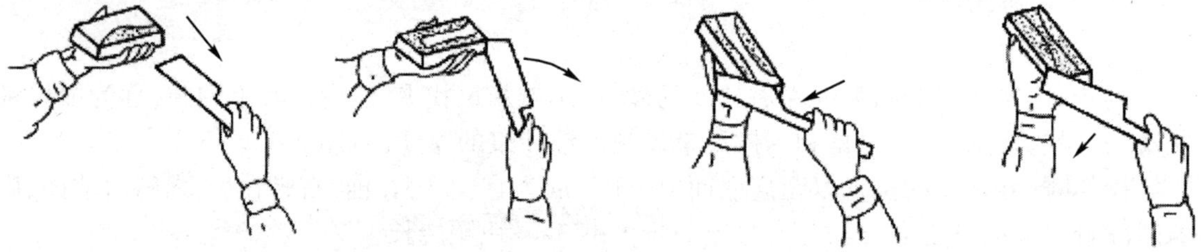

图 2.7 满刀灰刮浆法

刮浆法具体操作方法:通常使用瓦刀,操作时右手拿瓦刀,左手拿砖,先用左手正手拿砖,用瓦刀把砂浆刷在砖的侧面,然后再左手反手拿砖;用瓦刀抹满砖的大面,并在另一侧刮上砂浆,要刮布均匀;中间不要留有空隙;四周可以稍厚一些;中间稍薄些;与墙上已砌好的砖接触的头缝即碰头灰也要刮上砂浆。当砖块刮好砂浆后,放在墙上,精压至准线平齐。如有挤出墙面的砂浆,须用瓦刀刮下填于头缝内。

这种方法砌筑的砖墙因砂浆刮得均匀,灰缝饱满,所以砖墙质量较好,但工效较低,通常仅用于铺砌砂浆有困难的部位,如砌平拱、弧拱,窗台虎头砖、花墙,炉灶,空斗墙等。

五、铺浆挤砌法

铺浆法是采用铺灰工具,先在墙面上铺砂浆,然后将砖压紧在砂浆层,并推挤黏结的一种砌砖方法。

当采用铺浆法砌筑时,铺浆长度不得超过 750 mm,施工期间气温超过 30 ℃时,铺浆长度不得超过 500 mm,铺浆挤砌法分为单手和双手两种挤浆方法。

1.单手挤浆法

操作者应沿砌筑方向退着走，砌顺砖时，左手拿着砖距前面的砖块约5~6 cm处将砖放下，砖稍稍蹭灰面，沿水平方向向前推挤，把砖前灰浆推起作为立缝隙处砂浆（俗称挤头缝），并用瓦刀将水平灰缝挤出墙面的灰浆刮清甩填于立缝内（见图2.8）。

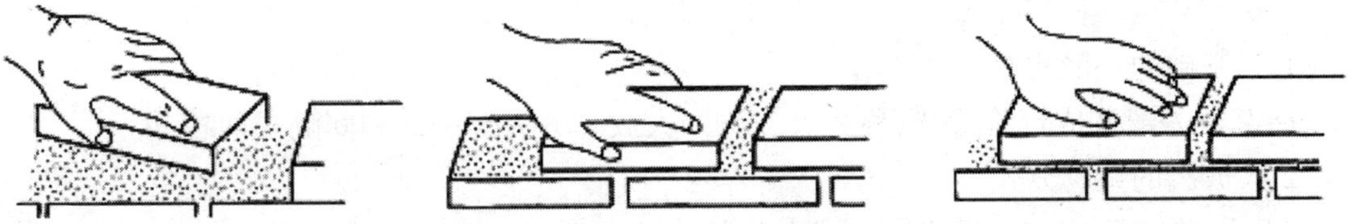

图2.8 单手挤浆法

砌丁砖时，将砖擦灰面放下后，挤浆的砖口略倾斜，用手掌横向往前挤，到将接近一指缝时，砖块略向上翘，以便带起灰浆挤入立缝内，将砖压到与准线平齐为止，并将内外挤出的灰浆刮净，甩填于立缝内。

当砌墙的内侧顺砖时，应将砖由外向里靠，水平向前挤推。这样立缝处砂浆容易饱满，同时用瓦刀将反面墙水平缝挤出的砂浆刮起，甩填在挤砌的立缝内。挤浆砌筑时，手掌要用力，使砖与砂浆密切结合。

2.双手挤浆法

双手挤浆法的操作方法基本与单手挤浆法相同，但它的要求与难度要高一些。拿砖时，靠墙的一只手先拿，另一只手跟着上去，也可双手同时取砖，两眼要迅速查看砖的边角，将棱角整齐的一边先砌在墙的外侧，取砖和选砖几乎同时进行。为此操作必须熟练，无论是砌丁砖还是顺砖，靠墙的一只手先挤，另一只手迅速跟着挤翻砌，其他操作方法与单手挤浆法相同（见图2.9）。

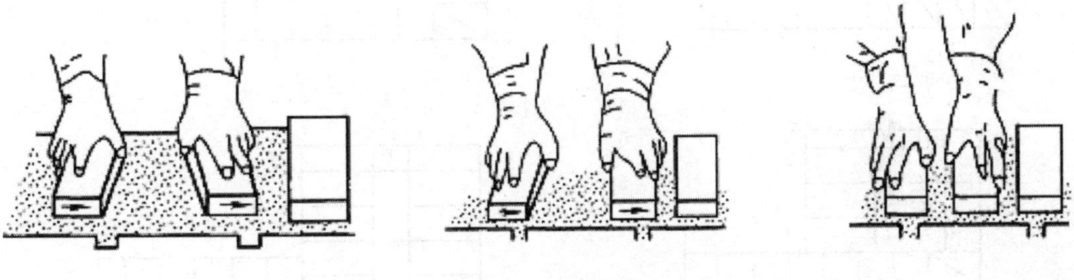

图2.9 双手挤浆法

铺浆挤砌法，可采用2~3人协作进行，劳动效率高，劳动强度较低，且灰缝饱满，砌筑质量较高，但快铺快砌应严格掌握平推平挤方法，保证灰浆饱满。该法适用于长度较大的混水墙及清水墙，对于窗间墙、砖垛、砖柱等短砌体不宜采用。

第二节 砖基础施工

一、确定组砌方法

1.砖基础的一般构造

砖基础一般砌成台阶形状,称为大放脚。大放脚分为等高式和间隔式两种。

2.大放脚的组砌方式

(1)一砖墙身“六皮三收”等高式大放脚

此种大放脚即每两皮砖每边收进 60 mm,收三次,形成三个台阶。按大放脚基底宽度计算式计算可得基底宽度为 600 mm,增加竖缝实际应为 615 mm,即为两砖半宽(见图 2.10)。

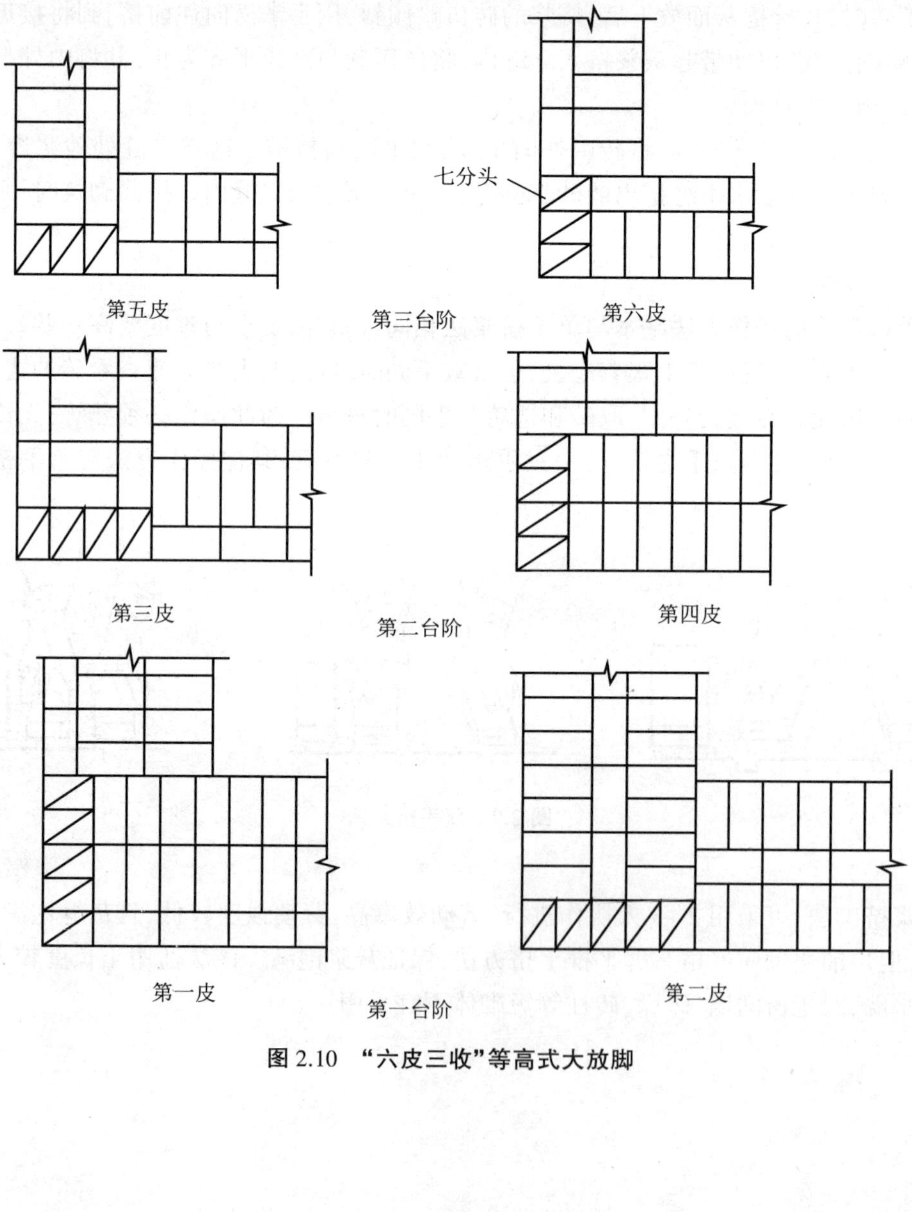

图 2.10 “六皮三收”等高式大放脚

（2）一砖墙身“六皮四收”大放脚

它属间隔式大放脚，即两皮砖一收与一皮砖一收相隔组砌；每个台阶为 1/4 砖长，即 60 mm，共四个台阶（见图 2.11）。按大放脚基底宽度计算式计算，可得基底宽度为 720 mm，增加竖缝实际应为 740 mm。

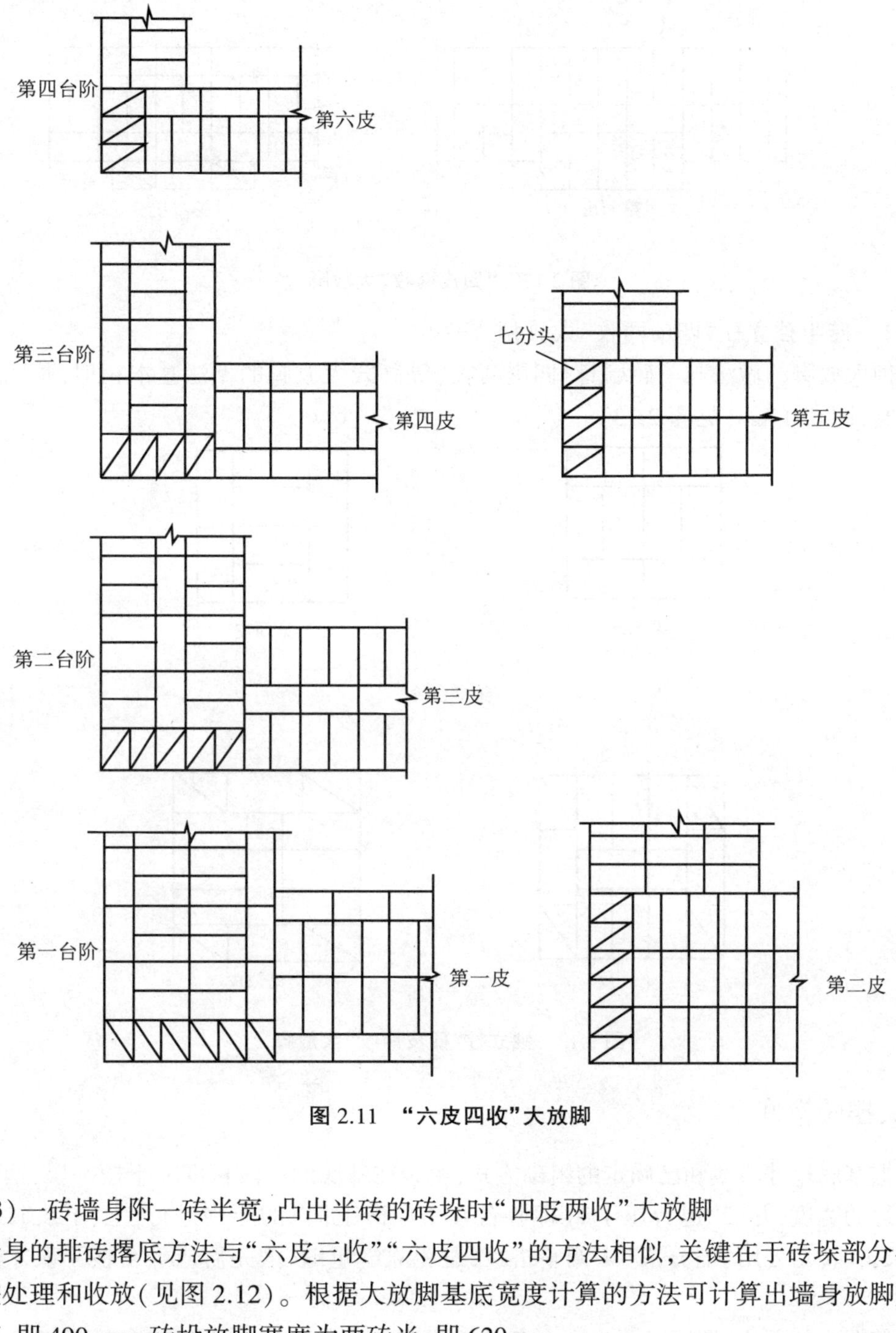

图 2.11　“六皮四收”大放脚

（3）一砖墙身附一砖半宽，凸出半砖的砖垛时“四皮两收”大放脚

墙身的排砖摞底方法与“六皮三收”“六皮四收”的方法相似，关键在于砖垛部分与墙身的咬槎处理和收放（见图 2.12）。根据大放脚基底宽度计算的方法可计算出墙身放脚宽度为两砖宽，即 490 mm；砖垛放脚宽度为两砖半，即 620 mm。

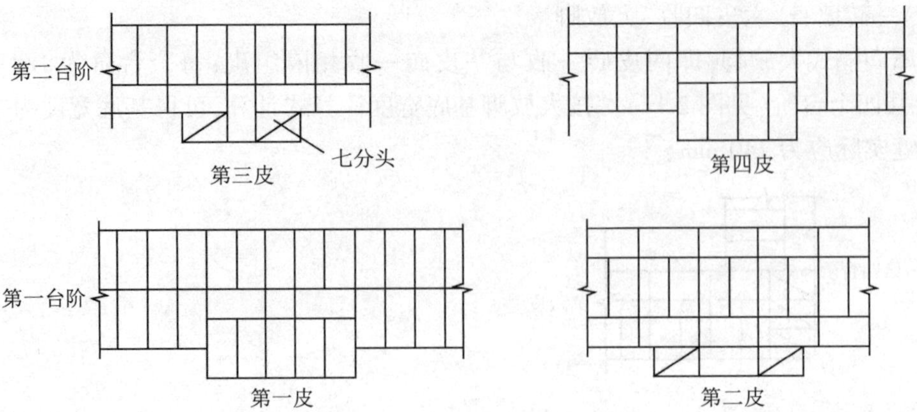

图 2.12 “四皮两收”大放脚

(4)一砖半独立柱“四皮两收”大放脚

此种大放脚的做法与一砖墙身“四皮两收”等高式大放脚的做法基本相似,基底宽度为两砖半宽,即 620 mm(见图 2.13)。

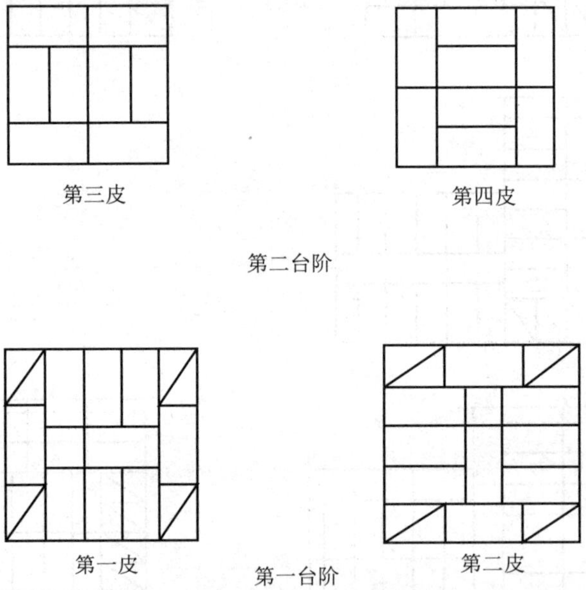

图 2.13 独立柱“四皮两收”大放脚

二、摆砖撂底

根据基底尺寸边线和已确定的组砌方式,用砖在基底的一段长度上干摆一层,摆砖时应考虑竖缝的宽度,并按“退台压丁”(即收台在丁层砖上面)的原则进行,上、下皮砖错缝达1/4砖长,在转角处用“七分头”来调整搭接,避免立缝重缝,摆完后应经复核无误才能正式砌筑。

摆砖撂底的要诀:撂底时要先在大角处按皮数杆砌好,拉好拉紧准线,这样撂底工作才能全面铺开。摆底过程中不得移动摆好砖的平面位置。一铲灰一块砖地砌筑,砖面要严格与皮数杆标准砌平,这是决定整个基础砌筑质量的关键,必须认真做好。

三、砌筑砖基础

1.大放脚砌盘角

(1)按要求立好基础的皮数杆。

(2)在垫层的转角处按规定的组砌方法,选较平直、方正的砖进行盘砌,每次盘砌三皮砖。砌筑基础墙和“大放脚”应采用一顺一丁的组砌形式,要求错缝搭接(见图 2.14)。

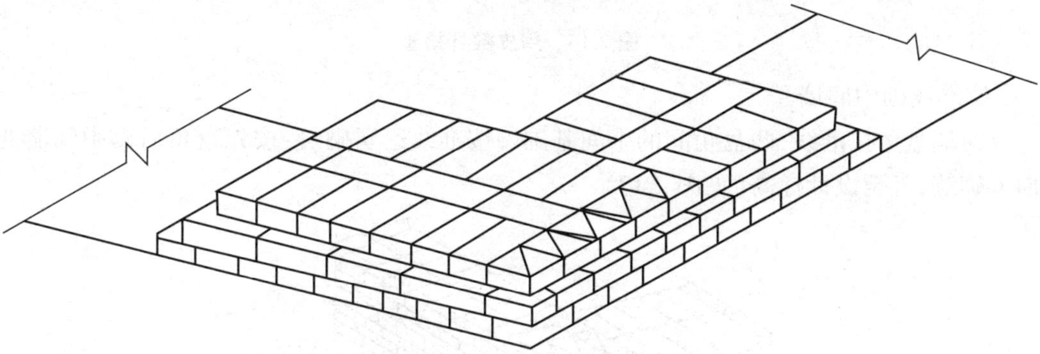

图 2.14　砌盘角

(3)用线坠“三皮一吊”,检查盘角的垂直度。视线从上往下看,盘角边线应在一条垂线上;视线从前后穿看,垂线与盘角边应平行,并且纵横墙应成直角(见图 2.15)。

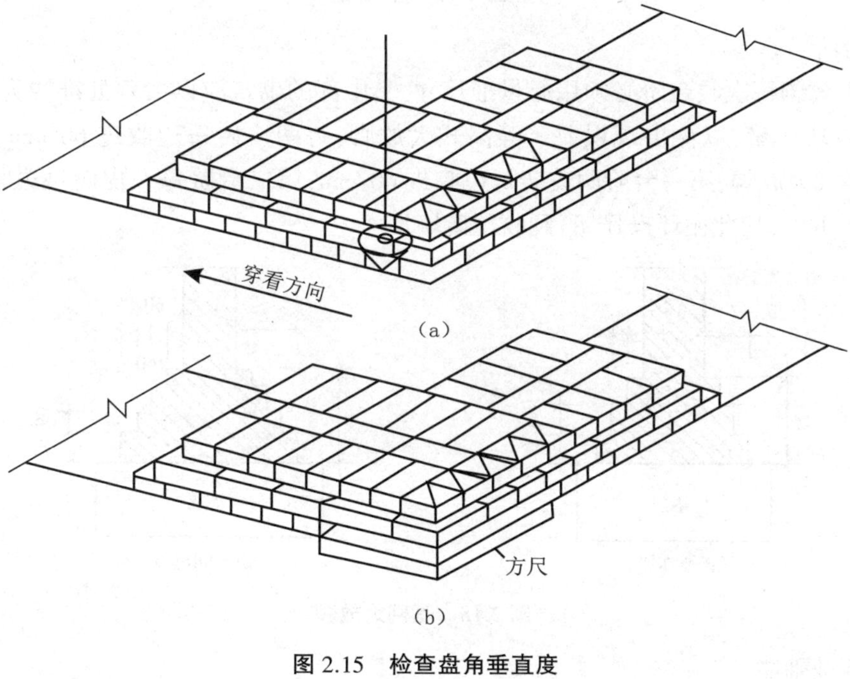

图 2.15　检查盘角垂直度

(4)用皮数杆检查基础墙的标高有无偏差,标高须按皮数杆要求,其偏差不超过±10 mm。如有偏差,应在砌筑大放脚的操作过程中逐皮进行调整(见图 2.16)。

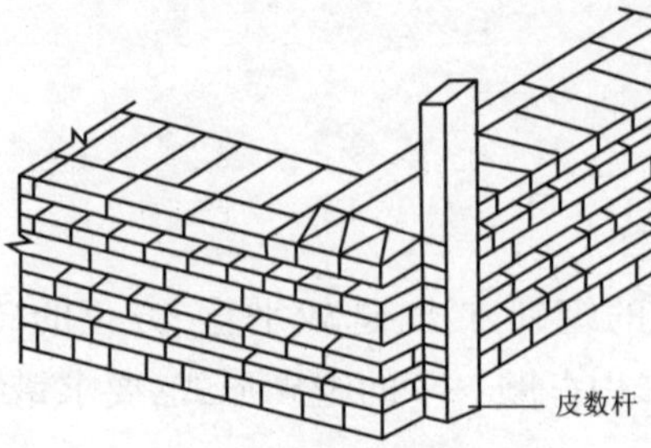

图 2.16 用皮数杆检查

2.拉准线砌中间墙

以两端盘角拉准线,两盘角间的中间基础墙按准线逐层砌筑;按先盘角后砌中间墙的顺序向上砌筑,直至设计标高(见图 2.17)。

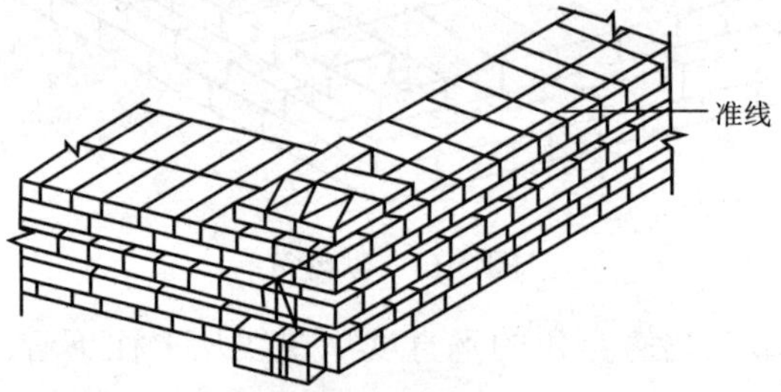

图 2.17 拉准线

3.收台阶

基础大放脚每次收台阶必须用心量准尺寸,其中部的砌筑应以大角处准线为依据,不能用目测或砖块比量,以免出现误差。等高式大放脚,每两皮砖每边收进 60 mm[见图 2.18(a)];间隔式大放脚,第一台阶两皮砖每边收进 60 mm,第二台阶每一皮砖每边收进 60 mm[见图 2.18(b)],如此循环操作,直到收至砖墙尺寸。

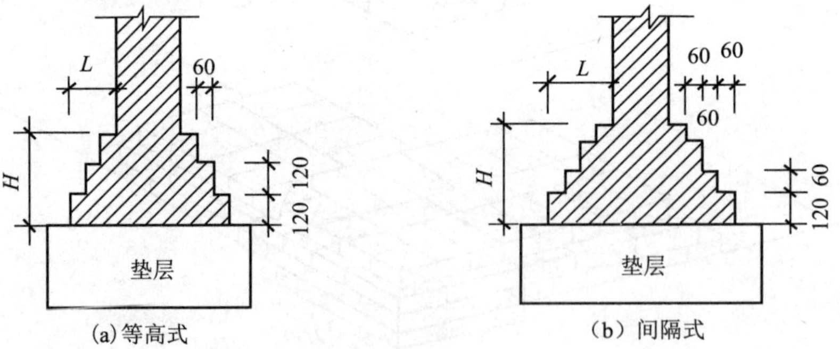

图 2.18 基础大放脚

4.砌筑基础墙

在收台阶完成后和砌基础墙之前，应利用龙门板的“中心钉”拉线检查墙身中心线，并用红铅笔将“中”字画在基础墙侧面，以便随时检查复核。

核对基础墙的轴线和边线正确无误后，按照先盘角、后挂准线砌中间墙的操作顺序将基础墙体砌至设计标高。在砌筑基础的过程中，应注意以下事项：

(1)若基础需分段砌筑，必须留斜槎(踏步槎)；分段砌筑的高度相差不得超过 1.2 m，防止相差过大而造成压缩沉陷不均。

(2)砌基础墙及大放脚应错缝搭接。

(3)基础内预留孔必须在砌筑时留出且位置准确，不能事后开凿。地圈梁底和构造柱需留出支模用的“穿杠洞”，可待拆模后再填补密实，与基础平行的暖气沟墙可以后砌，但基础墙上放暖气盖板的出檐砖要留出，砖基础中的洞口、沟槽等宽度超过 500 mm 的洞口，其上应砌筑平拱或设置过梁。

(4)基础如深浅不一、有错台或踏步等情况，应从低处向高处砌筑。在高低台阶接头处，同一边线高低台阶搭接长度不小于 500 mm。砌到上面后与上面的砖一起退台。

(5)有防震缝、沉降缝时，缝的两侧应按弹线要求分开砌筑，不能搭砌，缝中不要落入砂浆或碎砖，保证畅通。

(6)基础灰缝的砂浆要饱满，以防止地下水浸入。

(7)基础墙砌完后，要通过检查与验收合格方可进行土方回填。回填土时必须在墙的两侧对称，同时进行，以免单边填土后，基础墙在土压力的作用下变形。

四、做防潮层

基础防潮层应在基础墙全部砌到设计标高，并在室内回填土已完成时进行。防潮层可以采用以下做法(见图 2.19)：

图 2.19　铺抹防潮层

(1)一般是铺抹 20 mm 厚的防水砂浆。防水砂浆可采用 1∶2.5 水泥砂浆加入水泥质量的 3%~5%的防水剂搅拌而成。如使用防水粉，应先把粉剂加水，搅拌成均匀的稠浆再添加到砂浆中去。不允许用砌墙砂浆加防水剂来抹防潮层。

(2)浇筑 60 mm 厚的细石混凝土防潮层。对防水要求高的可再在砂浆层上铺油毡，但在抗震设防地区不能用。抹防潮层时,应先在基础墙顶的侧面抄出水平标高线,然后用靠尺夹在基础墙两侧,尺面按水平标高线找准,随后摊铺防水砂浆,待初凝后再用木抹子收压一遍,做到平实且表面拉毛。

第三节　砖柱施工

一、砖柱施工操作工艺

(1)砖柱砌筑前,基层表面应清扫干净,洒水湿润。基础面有高低不平时,要进行找平,小于3 cm的要用1:3水泥砂浆;大于3 cm的要用细石混凝土找平,使各柱第一皮砖在同一标高上。

(2)砌砖柱应四面挂线,当多根柱子在同一轴线上时,要拉通线检查纵横柱网中心线,同时应在柱的近旁竖立皮数杆。

(3)选砖时,柱砖应选择棱角整齐,无弯曲、裂纹,颜色均匀,规格基本一致的砖;对于圆柱或多角柱,要按照排砌方案加工弧形砖或切角砖,加工砖面须磨平,加工后的砖应编号堆放,砌筑时对号入座。

(4)排砖摞底,根据排砌方案进行干摆砖试排。

(5)砌砖宜采用"三一"砌法。柱面上下皮竖缝应相互错开1/2砖长以上。柱心无通天缝。严禁采用先砌四周后填心的砌法。

(6)砖柱的水平灰缝和竖向灰缝宽度宜为10 mm,不应小于8 mm,也不应大于12 mm;水平灰缝的砂浆饱满度不得小于80%,竖向灰缝也要求饱满,不得出现透明缝。

(7)柱砌至上部时,要拉线检查轴线、边线、垂直度,保证柱位置正确。同时,还要对照皮数杆的砖层及标高;如有偏差,应在水平灰缝中逐渐调整,使砖的层数与皮数杆一致。砌楼层砖柱时,要检查上层弹的墨线位置是否与下层柱子有偏差,以防止上层柱落空砌筑。

(8)2 m高范围内清水柱的垂直偏差不大于5 mm,混水柱不大于8 mm,轴线位移不大于10 mm。每天砌筑高度不宜超过1.8 m。

(9)砖垛砌筑时,应使墙与垛同时砌筑。

(10)柱面勾缝一般宜用1:2水泥砂浆。勾缝前应清扫柱面上黏结的砂浆灰尘,并洒水湿润。对于瞎缝应先凿平,深度为6~8 mm,然后勾缝。对缺棱掉角的砖,应用与砖同色的砂浆修补。

二、砖柱的组砌形式

一般常见的砖柱尺寸有240 mm×240 mm、370 mm×370 mm、490 mm×490 mm、370 mm×490 mm、490 mm×620 mm等(见图2.20)。

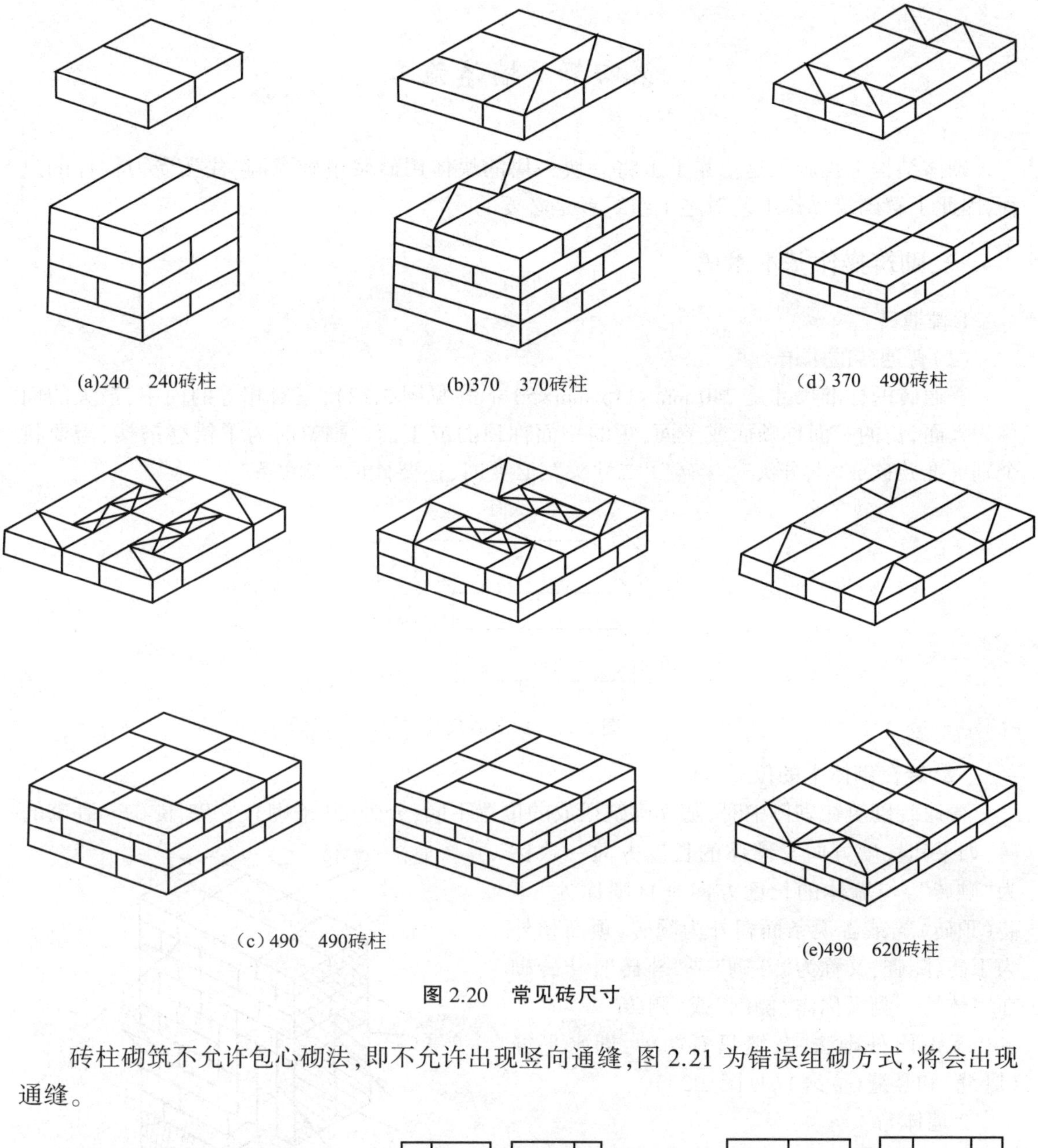

(a)240　240砖柱　(b)370　370砖柱　(d) 370　490砖柱

(c) 490　490砖柱　(e)490　620砖柱

图 2.20　常见砖尺寸

砖柱砌筑不允许包心砌法，即不允许出现竖向通缝，图 2.21 为错误组砌方式，将会出现通缝。

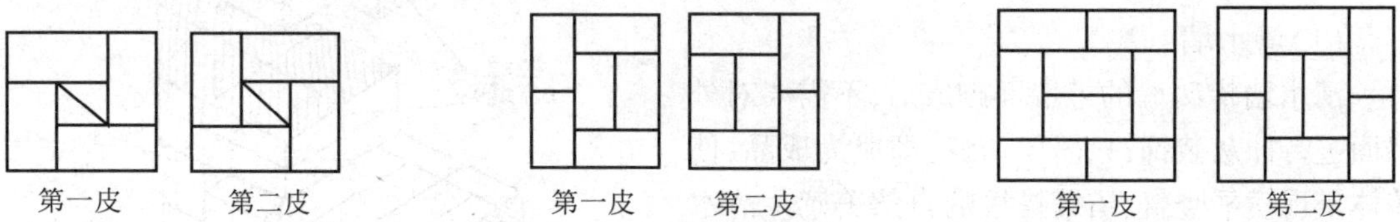

第一皮　第二皮
(a) 370 mm×370 mm砖柱

第一皮　第二皮
(b) 370 mm×490 mm砖柱

第一皮　第二皮
(c) 490 mm×490 mm砖柱

图 2.21　矩形柱错误组砌方式

第四节　墙体施工

砌体结构工程施工是依靠手工将一块一块的块体用砂浆组砌成墙、柱类受力构件的过程，因此了解砌筑操作工艺对施工组织者是必要的。

一、砌筑操作基本术语

1.普通砖

(1)普通砖的术语

普通砖的标准尺寸是 240 mm×115 mm×53 mm(见图 2.22)，三对相等的面中，最大的面称为大面，长的一面称顺面或条面，短的一面称顶面或丁面。砌筑时为了错缝搭接，需要将个别标准砖砍成“七分头”“半砖”“二寸头”，必要时，还要砍成“二寸条”。

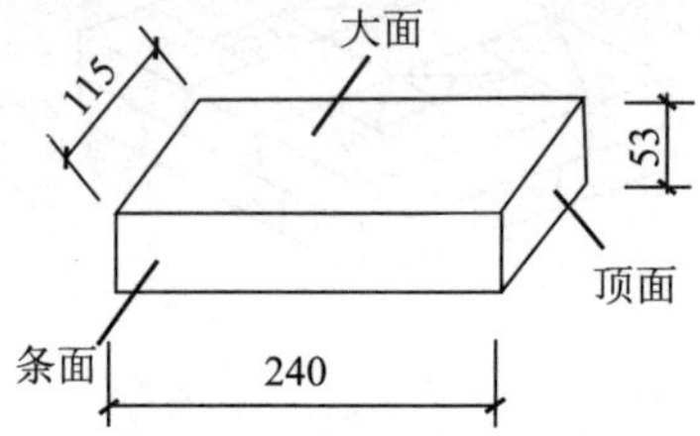

图 2.22　标准砖尺寸

(2)砖在砌体中的位置术语

普通砖砌筑在砌体中时，随其砌筑摆放的位置不同，分卧砌(平砌)、立砌、陡砌。卧砌的砖，如果其长度方向与墙体的长度方向一致称为“顺砖”，与墙体的长度方向垂直则称为“丁砖(顶砖)”，或者说条面朝外为顺砖，顶面朝外为丁砖；陡砌，又称为“斗砌”或“斗砖”，斗砖砌在墙体的一侧又称作“侧砌”或“侧砖”。

无论何种砌法，灰缝只有两种，即水平缝(卧缝)和竖缝(立缝)(见图 2.23)。

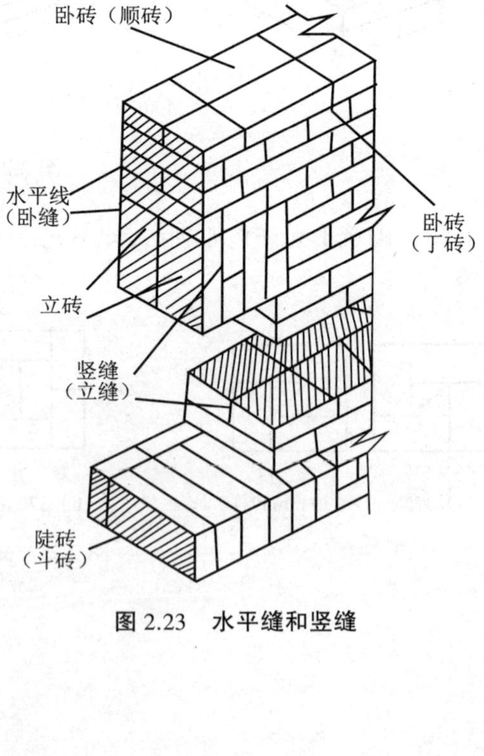

图 2.23　水平缝和竖缝

2.墙体

(1)清水墙

清水墙指砖墙的外墙面砌成后，不需要对外墙面进行抹灰装饰，只需要勾缝，即成为成品，使砖体呈现横平竖直、错缝搭接的自然美感。清水墙对砖的质量和砌筑质量要求都较高。

(2)混水墙

混水墙是相对于清水墙而言的，即墙体砌筑完成后，还需要做抹灰或贴面砖等装饰，才成为成品，因而对砌砖质量要求相对低一些，通常也不需要勾缝。

(3)墙体的厚度

砖墙的厚度习惯上以砖长为基数来称呼，如半砖墙、一砖墙、一砖半墙等。工程上以它们的标志尺寸来称呼，如一二墙、二四墙、三七墙等(见图2.24)。

3.砖砌体的组砌形式

(1)一顺一丁

这种组砌方法，又称满条满顶。从墙的立面看，为一皮丁砖一皮顺砖相互错缝1/4而砌成。顺砖上下对齐的叫十字缝，顺砖上下层相互错开半砖的叫骑马缝(见图2.25)。

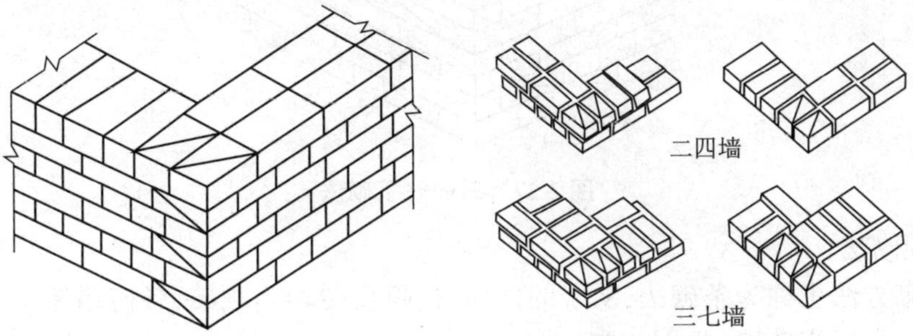

图2.24　一顺一丁砌法

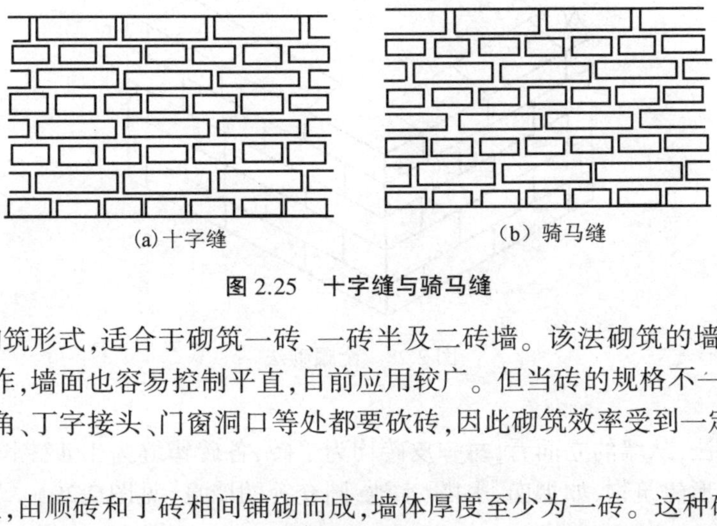

图2.25　十字缝与骑马缝

一顺一丁砌筑形式，适合于砌筑一砖、一砖半及二砖墙。该法砌筑的墙体受力合理，整体性好，易于操作，墙面也容易控制平直，目前应用较广。但当砖的规格不一致时，竖缝不易对齐，在墙的转角、丁字接头、门窗洞口等处都要砍砖，因此砌筑效率受到一定限制。

(2)梅花丁

在同一皮上，由顺砖和丁砖相间铺砌而成，墙体厚度至少为一砖。这种砌法内外竖缝每皮都能错开，整体性好，灰缝整齐、美观，适于砌筑一砖或一砖半的清水墙或砖的规格不一致的墙体。但施工比一顺一丁砌法复杂，该法砌筑效率较低(见图2.26)。

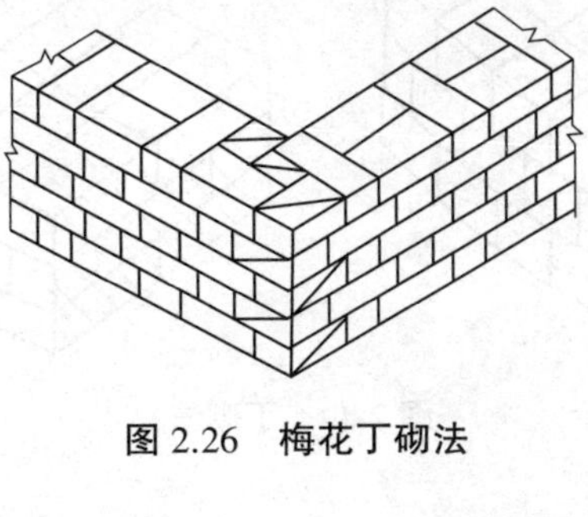

图2.26　梅花丁砌法

(3)三顺一丁

三顺一丁砌法是指三皮中全部顺砖与一皮中全部丁砖相互交替叠砌而成,上下皮顺砖之间搭接 1/2 砖长,顺砖与丁砖之间搭接 1/4 砖长,同时要使檐墙与山墙的丁砖层不在同一皮,以利于搭接(见图 2.27)。当墙厚≥370 mm 时,里墙皮也要砌一顺一丁。

图 2.27　三顺一丁砌法

(4)全顺砌法

这种组砌方法也称为条砌法,从墙的立面看,每皮砖均为顺砖,各砖错缝均为 1/2 砖长。这种方法主要用于半砖墙(见图 2.28)。

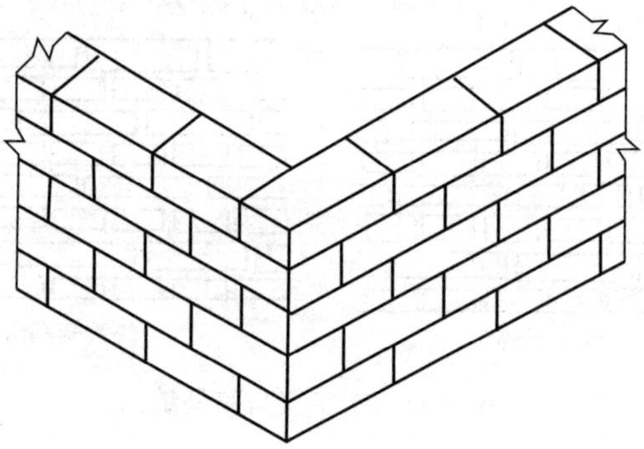

图 2.28　全顺砌法

(5)丁砌法

这种组砌方法,从墙的立面看,每一皮砖均为丁砖,各砖错缝为 1/4 砖长,常用于半圆和弧形砖墙以及圆形建筑物,如烟囱、水塔、水池、圆仓等的墙身(见图 2.29)。

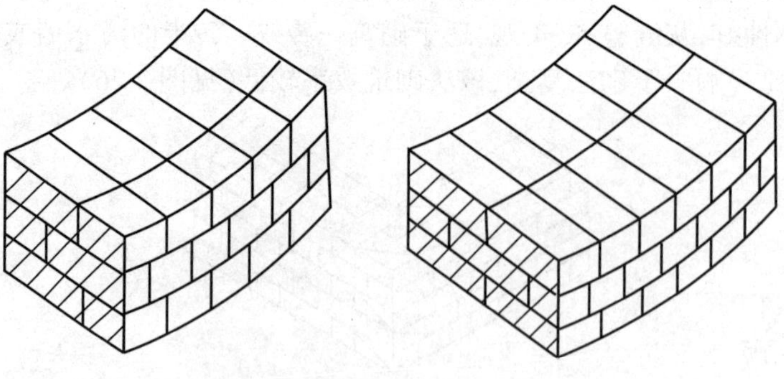

图 2.29　丁砌法

(6)三七缝砌法

这种组砌方法,每层都有七分头丁砖,其优点同一顺一丁法(见图 2.30)。

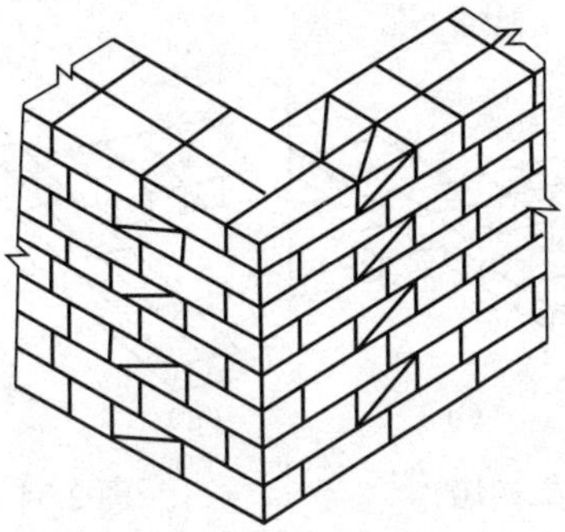

图 2.30　三七缝砌法

(7)两平一侧

两平一侧砌法又称 180 mm 墙组砌法,是指由二皮顺砖和旁砌一块侧砖相隔砌成。当墙厚为 3/4 砖时,平砌砖均为顺砖,上下皮卧砌顺砖间竖缝错开 1/2 砖长;上下皮卧砌顺砖与侧砌顺砖间竖缝相互错开 1/2 砖长,上下皮丁砖与侧砌顺砖间竖缝隙相互错开 1/4 砖长。这种砌筑形式适合于 3/4 砖墙和 5/4 砖墙(见图 2.31)。

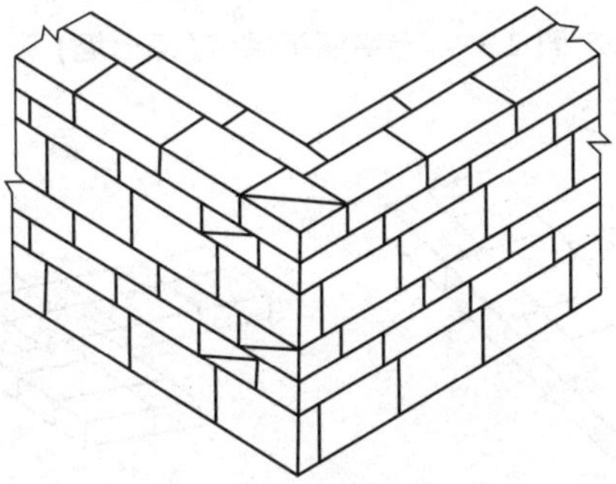

图 2.31　两平一侧砌法

(8)300 mm 厚砖墙组砌法

这种组砌方法是砌筑两皮砖为一层,平砌部位采用两顺或两丁砖,侧砖仍为一顺砖,第二个砌筑层,则平砌与侧面的位置相互交错(见图 2.32)。

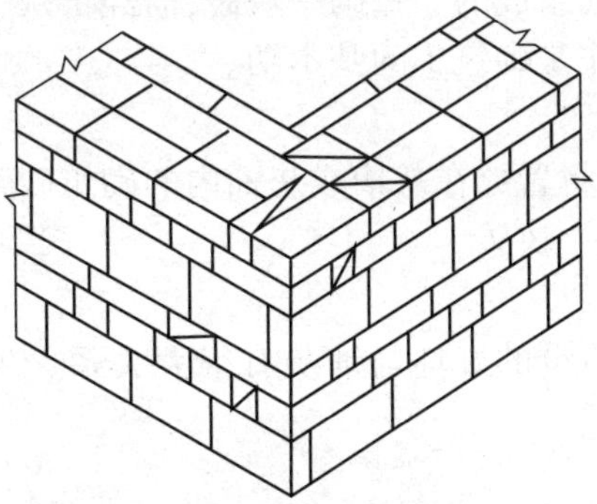

图 2.32　300 mm 厚砖墙组砌法

(9)十字墙及丁字墙组砌法

在内外墙交接及内墙交接时,往往会用到十字墙(见图 2.33、图 2.35)和丁字墙(见图 2.34、图 2.36)。

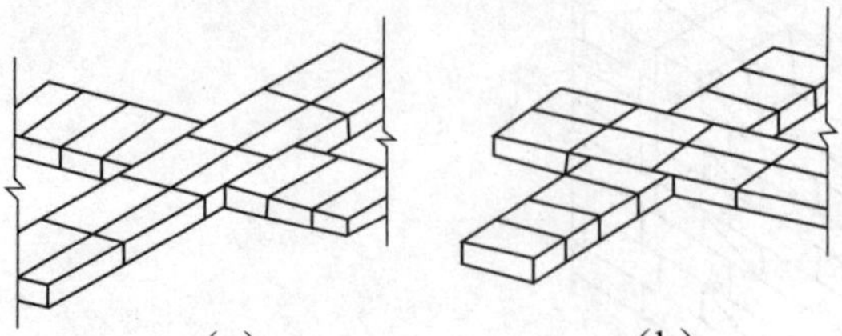

(a) (b)

图 2.33 十字墙组砌法(二四墙)

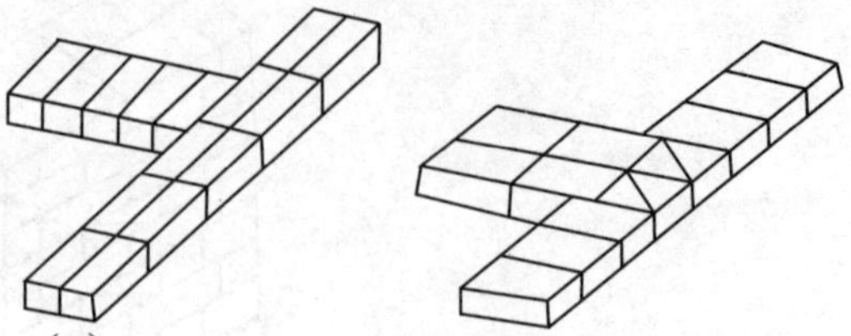

(a) (b)

图 2.34 丁字墙组砌法(二四墙)

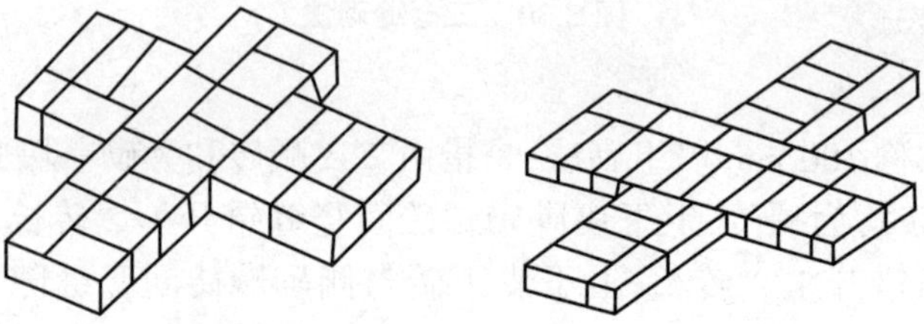

(a) (b)

图 2.35 十字墙组砌法(三七墙)

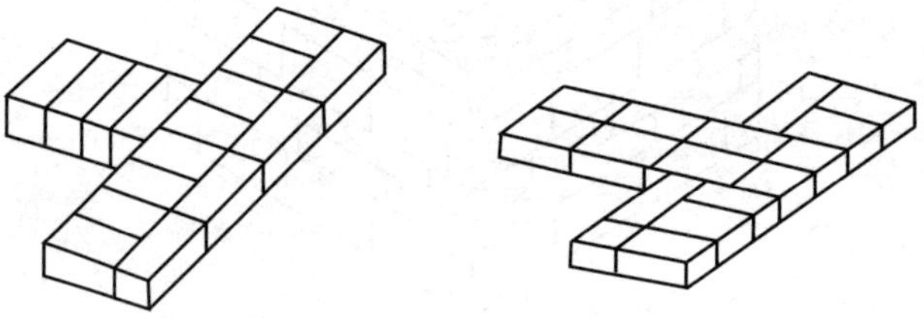

(a) (b)

图 2.36 丁字墙组砌法(三七墙)

二、砌筑操作基本技能

操作技能

砖砌体是由砖和砂浆共同组成的。每砌一块砖,需经铲灰、铺灰、取砖、摆砖四个动作来完成,再加上砍砖,这几个动作是砌筑工的基本功。

1.铲灰

它是用瓦刀、大铲或灰瓢将置放在灰槽或灰桶内的砌筑砂浆取出的动作,铲灰应掌握好取灰的数量,尽量做到一刀灰一块砖。

2.铺灰

砌砖速度的快慢和砌筑质量的好坏与铺灰有很大关系。灰铺得好,砌起砖来会觉得轻松自如,砌好的墙也干净利落。

3.取砖

取砖和铲灰的动作应该一次完成。取砖时包括选砖,操作者对摆放在身边的砖要进行全面的观察,哪些砖适合砌在什么部位,要做到心中有数。旋砖,目的是挑选平整美观的砖面。如砌清水墙,正面必须色泽一致,棱角整齐,这就要求操作者将取在手掌上的砖用旋转的方法来选换砖面,使最合适的面朝向墙的外侧(见图 2.37)。

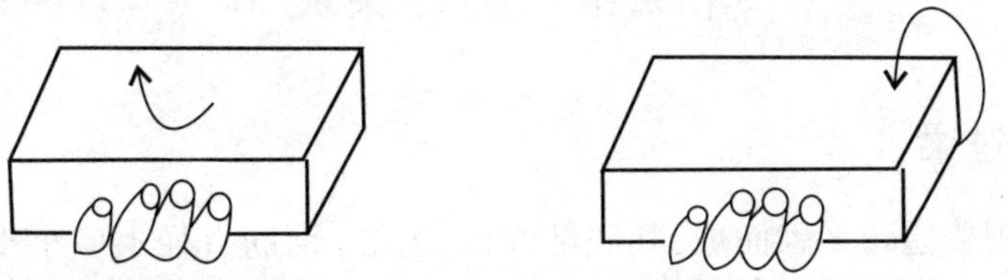

(a) 以掌根为轴心旋砖　　(b) 以拇指推条面反转旋砖

图 2.37 旋砖

4.摆砖

它是完成砌砖的最后一个动作,砌体能不能达到横平竖直、错缝搭接、灰浆饱满、整洁美观的要求,关键在摆砖。摆放前用瓦刀沾少量灰浆刮到砖的端头上,抹上"碰头灰",使竖向砂浆饱满。摆放时要注意手指不能碰撞准线。砖摆上墙以后,如果高出准线,可以稍稍揉压砖块,也可用瓦刀轻轻叩打。灰缝中挤出的灰可用瓦刀随手刮起甩入竖缝中。

5.砍砖

为了满足砌体的组砌要求,需要将标准砖砍成"七分头""二寸条"等形状。其中"七分头"用得最多,砖的砍凿一般用瓦刀或刨锛作为砍凿工具,当所需形状比较特殊且用量较多时,也可利用扁头钢凿、尖头钢凿配合手锤砍凿(见图 2.38)。

被砍的砖应该外观平整、无缺棱、掉角、裂缝,也不能用烧过火的砖和欠火砖。选好砖后标定砍凿位置,当使用瓦刀砍凿时,一手持砖使条面向上,以瓦刀所刻标记处伸量一下砖块,在相应长度位置用瓦刀轻轻划一下,然后用力斩一两刀即可完成。当使用刨锛时,一手持砖使条面向上,以刨锛手柄所刻标记对准砖的条面,轻轻晃动刃口,就在砖的条面上划出了印子,然后举起刨锛砍凿划痕处,一般 1~2 下即可完成。

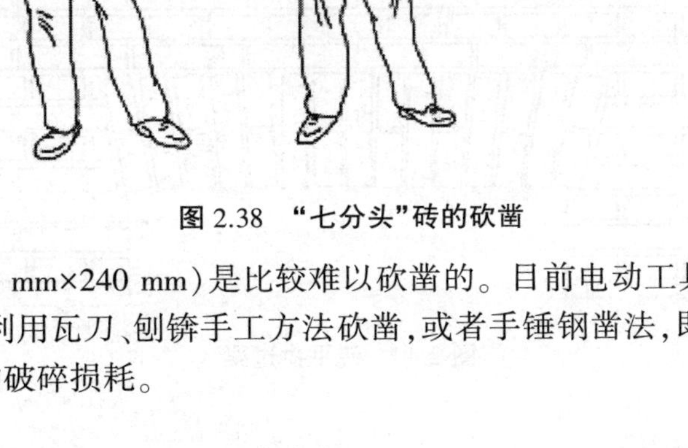

图 2.38 "七分头"砖的砍凿

"二寸条"(约 57 mm×240 mm)是比较难以砍凿的。目前电动工具比较多,可以利用电动工具来切割,也可利用瓦刀、刨锛手工方法砍凿,或者手锤钢凿法,即利用手锤和钢凿(錾子)配合,以减少砖的破碎损耗。

第五节 砖过梁施工

一、钢筋砖过梁

钢筋砖过梁用普通砖平砌而成，其底部配以钢筋。钢筋直径不应小于 $\phi5$，间距不宜大于 120 mm，钢筋伸入砖墙内的长度不宜小于 240 mm，保护钢筋的砂浆层厚度不宜小于 30 mm。

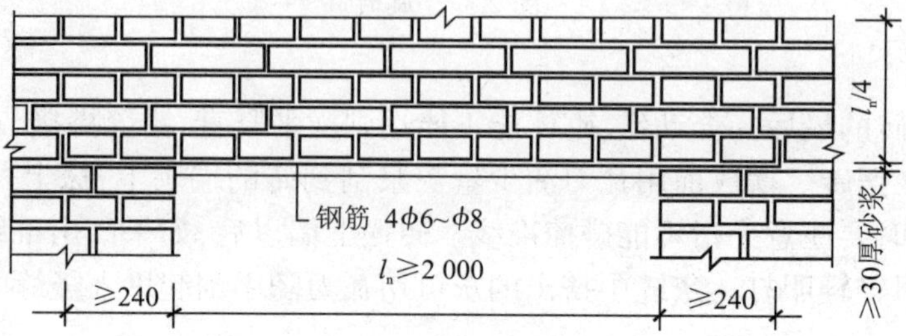

图 2.39 钢筋砖过梁

钢筋砖过梁的作用高度为七皮砖（440 mm），钢筋砖过梁的厚度等于墙厚，钢筋砖过梁的长度等于洞口宽度加 480 mm。钢筋砖过梁的跨度（洞口宽度）不应超过 1.5 m。

砌筑钢筋砖过梁时，应先在洞口顶部支设模板，模板中部应有跨度 1%的起拱。底部砂浆层铺设一半厚时应放置钢筋，钢筋两端伸入墙内长度应相等，并使其弯钩向上，再铺设一半厚砂浆层，使钢筋位于底部砂浆层的中间，继续按砖墙组砌方法砌筑钢筋砖过梁。钢筋砖过梁的砖砌体部分宜采用一顺一丁砌法，第一皮砖宜丁砌。

钢筋砖过梁部分的灰缝宽度及砂浆饱满度要求同砖墙部分。

钢筋砖过梁底部的模板，应在底部砂浆层的砂浆强度不低于设计强度的 50%时方可拆除。

二、砖平拱过梁

砖平拱采用普通砖竖向砌成（见图 2.40）。砖平拱的高度可采用 240 mm（一砖高）或 365 mm（一砖半高），砖平拱的厚度等于墙厚，砖平拱的跨度不应超过 1.2 m。

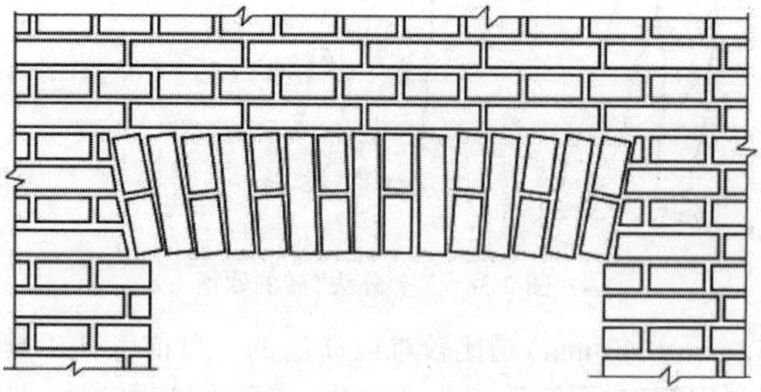

图 2.40 砖平拱过梁

砌筑砖平拱所用砂浆强度等级不宜低于 M5。砖平拱两端的砖墙要砌成拱脚，坡度为 1/6～1/5，拱脚下边应退进墙边 20～30 mm。砖平拱砌筑前，应在洞口顶部支设模板，模板中部应有平拱跨度 1%的起拱。砌筑时，应在模板上画出平拱的砖厚度及灰缝厚度，务必使砖块数为单数。砖平拱砌筑，应从拱脚处开始，两边对称地向中间进行，正中一块砖应挤紧。

砖平拱的灰缝应砌成楔形缝。灰缝的宽度在平拱的底面不应小于 5 mm，在平拱的顶面不应大于 15 mm。灰缝砂浆饱满度不得小于 80%。

砖平拱底部的模板，应在灰缝砂浆强度不低于设计强度的 50%时方可拆除。

三、弧拱砖过梁

弧拱砖过梁亦称弧形券，它的构造与砌筑方法基本与平拱相同，不同的是其外形呈圆弧形，券胎板做成圆弧形(见图 2.41)。其砌筑方法是：

(1)安装弧形券胎板，砌好拱座。拱座的坡度线应与弧线模板的切线垂直。

图 2.41　弧拱砖过梁

(2)计算或试摆砖数。拱砖应为单数。

(3)由两端拱座处向中间合拢。灰缝呈放射状，每道灰缝与弧形券胎板对应点的切线垂直，下部灰缝不小于 5 mm，上部灰缝不大于 15 mm。砌清水拱时，可以用加工磨制的楔形砖砌筑，使灰缝上下一致，控制在 8～10 mm。大跨度弧形拱厚度在一砖以上，宜采用一券一伏砌法，在第一层拱砖砌完后进行灌浆，然后平砌一层丁砖，再砌一层拱砖。伏砖上下的拱砖竖缝错开。

第三章 砌块砌体结构工程施工

砌块生产不用土,能耗低,符合国家技术发展政策,是砌体结构工程发展的方向。其中,混凝土砌块一般为空心构造,自重轻,不但减少了施工中的材料运输量,还可以有效减轻基础的负载,使得地基处理相对容易;且由于块体尺寸大,因此还有施工速度快、砂浆用量少等优点。

但是,砌块建筑也容易发生"裂"(墙体裂缝)、"热"(外墙保温隔热性能差)、"漏"(外墙易渗水)等质量通病,因此在施工中应采取相应的对策措施。

本章主要讲述砌块砌体结构中应用广泛的混凝土小型空心承重砌块、砌块隔墙、框架填充墙砌体结构工程的施工。

第一节 砌块的分类和施工工艺

一、砌块的分类

1.按尺寸分类

砌块按尺寸的不同,可以分为小型砌块、中型砌块和大型砌块。

通常把高度在350 mm以下的称为小型砌块,混凝土小型空心砌块的主要规格尺寸为390 mm×190 mm×190 mm。把高度在360~900 mm的称为中型砌块,混凝土中型砌块的高度一般为850 mm。把高度大于900 mm的称为大型砌块。

目前最常用的是小型砌块,中型、大型砌块使用较少。

砌块的分类和施工工艺

2.按外观形状分类

砌块按外观形状可以分为实心砌块和空心砌块。

空心砌块有单排方孔、单排圆孔和多排扁孔三种形式(见图3.1),其中多排扁孔对保温较有利。

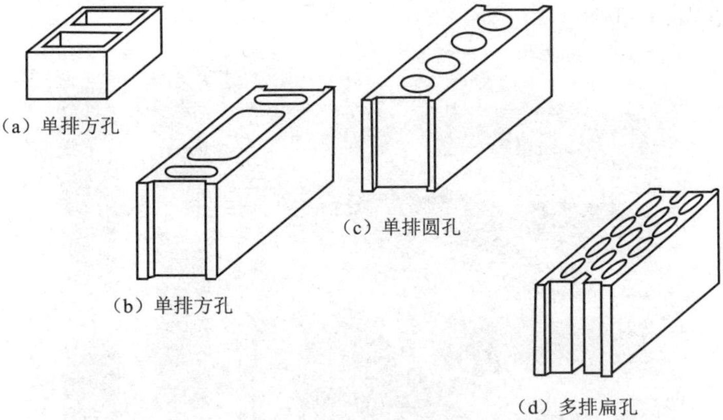

图 3.1　空心砌块

3.按位置与作用分类

砌块按在组砌中的位置与作用可以分为主砌块和各种辅助砌块。

4.按材料分类

砌块按材料的不同,可以分为普通混凝土小型空心砌块、装饰混凝土小型空心砌块、轻集料混凝土小型空心砌块、粉煤灰小型空心砌块、蒸压加气混凝土砌块、免蒸加气混凝土砌块(又称环保轻质混凝土砌块)和石膏砌块等。吸水率较大的砌块不能用于长期浸水、经常受干湿交替或冻融循环的建筑部位。

(1)混凝土小型空心砌块

在混凝土空心砌块中,使用最为普遍的是混凝土小型空心砌块,它由普通混凝土或轻骨料混凝土制成,主要规格尺寸为 390 mm×190 mm×190 mm,空心率一般在 25%～50%,一般简称为混凝土砌块或砌块(见图 3.2)。

图 3.2　混凝土小型空心砌块

(2)轻集料混凝土小型空心砌块

轻集料混凝土小型空心砌块为以陶粒、浮石、炉渣等轻体材料不同大小的颗粒作为骨料,以水泥等作为胶结材料,经加水混合搅拌,按一定尺寸做成的空心块体,主规格为 390

mm×190 mm×190 mm(见图 3.3)。

图 3.3 轻集料混凝土小型空心砌块

(3)粉煤灰小型空心砌块

粉煤灰砌块是以粉煤灰、石灰、石膏和轻集料为原料,加水搅拌、振动成型、蒸汽养护而成的实心砌块。其主规格为 880 mm×380 mm×240 mm,880 mm×430 mm×240 mm。

(4)蒸压加气混凝土砌块

蒸压加气混凝土砌块是以水泥、矿渣、粉煤灰、砂子为原料,加入铝粉或其他发泡引气剂作为膨胀加气剂,经过磨细、配料、浇筑、切割、蒸养硬化等工序做成的一种轻质多孔材料,不能作为承重墙(见图 3.4)。加气混凝土砌块吸水率高,一般可达 60%~70%,公称长度 $L=600$ mm,高度 $H=200$ mm、250 mm、300 mm。

图 3.4 蒸压加气混凝土砌块

(5)石膏砌块

石膏砌块是以建筑石膏为主要原料,经加水搅拌、浇筑成型和干燥制成的轻质块状建筑石膏制品(见图 3.5)。生产中可加入纤维增强材料、轻集料或发泡剂,具有隔声防火、施工便捷等多项优点,是可持续发展的绿色墙体材料。按截面可分为空心砌块和实心砌块两大类,按石膏可分为天然石膏砌块和化学石膏砌块两大类。通用规格,长×高=666 mm×500 mm,宽度有 60

mm、80 mm、90 mm、100 mm、120 mm、150 mm、200 mm 七种，规格可定制，并无严格限制。

图 3.5　石膏砌块

二、砌块砌体施工工艺

1.砌块的排列

用砌块代替烧结普通砖作墙体材料，是墙体改革的一个重要方向。近年来，中、小型砌块在我国得到了广泛应用。砌块的规格不统一，一般高度为 380～940 mm，长度为高度的1.5～2.5倍，厚度为 180～300 mm，每块砌块质量为 50～200 kg。

由于大、中型砌块体积较大、较重，不如普通砖搬动方便，多用专门设备进行吊装砌筑，且砌筑时必须使用整块，不像普通砖可随意砍凿，因此，在施工前，须根据工程平面图、立面图及门窗洞口的大小、楼层标高、构造要求等条件，绘制各墙的砌块排列图，以指导吊装砌筑施工。

砌块排列图按每片纵横墙分别绘制。其绘制方法是在立面上用 1∶50 或 1∶30 的比例绘出纵横墙，然后将过梁、平板、大梁、楼梯、孔洞等在墙面上标出，由纵墙和横墙高度计算皮数，画出水平灰缝线，并保证砌体平面尺寸和高度是块体加灰缝尺寸的倍数，再按砌块错缝搭接的构造要求和竖缝大小进行排列。对砌块进行排列时，注意尽量以主规格砌块为主，辅助规格砌块为辅，减少镶砖。小砌块墙体应对孔错缝搭砌，搭接长度不应小于 90 mm。墙体的个别部位不能满足上述要求时，应在灰缝中设置拉结钢筋或钢筋网片，但竖向通缝仍不得超过两皮小砌块。墙体的水平灰缝厚度和竖向灰缝宽度宜为 10 mm，但不应大于 12 mm，也不应小于 8 mm。砌块中水平灰缝厚度一般为 10～20 mm，有配筋的水平灰缝厚度为 20～25 mm；竖缝的宽度为15～20 mm，当竖缝宽度大于 30 mm 时，应用强度等级不低于 C20 的细石混凝土填实，当竖缝宽度不小于 150 mm 或楼层高不是砌块加灰缝的整数倍时，应用黏土砖镶砌。

2.小砌块砌体的施工工艺

小砌块砌体的砌筑，可简单归纳为六个字：对孔、错缝、反砌。

(1)对孔

上皮小砌块的孔洞对准下皮小砌块的孔洞，上、下皮小砌块的壁较好传递竖向荷载，保证砌体的整体性及强度。

(2)错缝

上、下皮小砌块错开砌筑(搭砌),以增强砌体的整体性,这属于砌筑工艺的基本要求。

(3)反砌

小砌块生产时的底面朝上砌筑于墙体上,由于砌块制作模具的关系,底面肋较上面厚,也有做成封底的砌块,所以反砌易于铺放砂浆和保证水平灰缝砂浆的饱满度,这也是确定砌体强度指标试件的基本砌法。

3.大、中型砌块的施工工艺

大、中型砌块施工的主要工序有铺灰、砌块吊装就位、校正、灌缝和镶砖。

(1)铺灰

砌块墙体所采用的砂浆应具有良好的和易性,其稠度以 50~70 mm 为宜,铺灰应平整饱满,每次铺灰长度一般不超过 5 m,炎热天气及严寒季节应适当缩短。

(2)砌块吊装就位

砌块安装通常采用两种方案:一是用轻型塔式起重机进行砌块、砂浆的运输,由台灵架吊装砌块(见图 3.6);二是用井架进行材料的垂直运输,所有预制构件及材料的水平运输则用砌块车运送,台灵架负责砌块的吊装。前者适用于工程量大的房屋,后者适用于工程量小的房屋。

砌块的吊装一般按施工段依次进行,其次序为先外后内,先远后近,先下后上,在相邻施工段之间留阶梯形斜槎。吊装时应从转角处或砌块定位处开始,采用摩擦式砌块夹具(见图 3.7),按砌块排列图将所需砌块吊装就位(见图 3.8)。

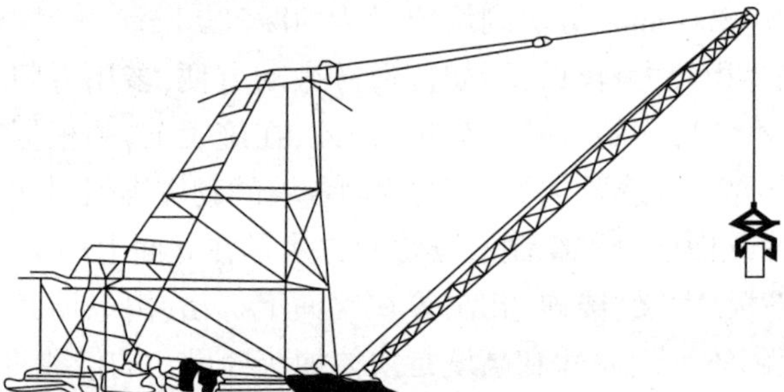

图 3.6　台灵架

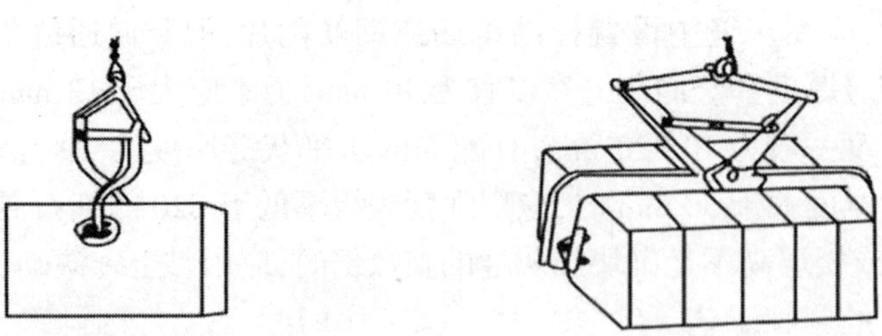

(a)单块夹具　　(b)多块夹具

图 3.7　砌块夹具

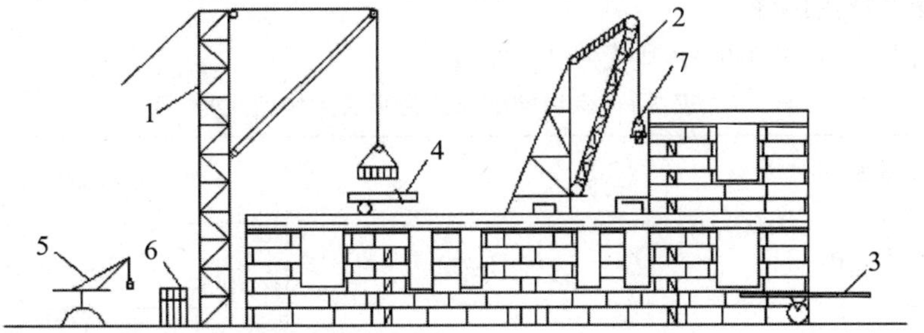

1-井架；2-台灵架；3-杠杆车；4-砌块车；5-少先吊；6-砌块；7-砌块夹

图 3.8　大、中型砌块吊装示意图

(3)校正

砌块吊装就位后,用托线板检查砌块的垂直度,拉准线检查水平度,并用撬棍、楔块调整偏差。

(4)灌缝

竖缝可用夹板在墙体内外夹住,然后灌砂浆,用竹片插或铁棒捣,使其密实。当砂浆吸水后用刮缝板把竖直缝和水平缝刮齐。灌缝后,不要再撬动砌块,以防损坏砂浆黏结力。

(5)镶砖

当砌块间出现较大竖缝或过梁找平时,应镶砖。镶砖砌体的竖直缝和水平缝应控制在15~30 mm以内。镶砖工作应在砌块校正后即刻进行,镶砖时应注意使砖的竖缝灌密实。

第二节　混凝土小型空心砌块建筑

一、混凝土小型空心砌块的规格和模数

混凝土小型空心砌块的规格

1.混凝土小型空心砌块的规格型号

(1)外观形状

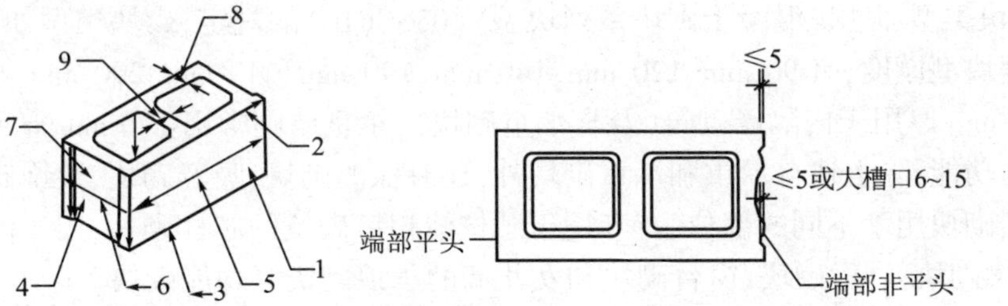

1—条面;2—座浆面(肋厚较小的面);3—铺浆面(肋厚较大的面);4—端面;5—长度;6—宽度;7—高度;8—壁;9—肋

图 3.9　混凝土小型空心砌块各部位的名称及端部构造

注:①承重砌块端部槽口不宜大于5 mm;

②砌块的最小壁厚,承重砌块不小于30 mm,自承重砌块不小于25 mm;

③砌块横肋最小端的厚度,承重砌块不小于25 mm,自承重砌块不小于20 mm。

(2)砌块代号及标注

砌块端部形式为平头的块型代号见表 3.1。

表 3.1 砌块端部形式为平头的块型代号

砌块类型	代号	长×宽×高/(mm×mm×mm)
普通砌块	K422	400×200×200
装饰砌块	ZK412	400×100×200
轻集料砌块	QK422	400×200×200
粉煤灰砌块	FK422	400×200×200
保温砌块	BK4X2	400×X×200
窗台砌块	CT2XX	200×X×X
压顶砌块	YD2X2	200×X×200
吸音砌块	XY422	400×200×200

标注规定：

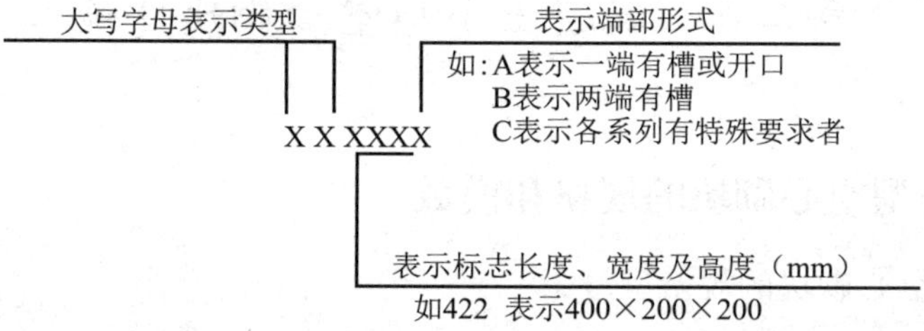

(3)砌块类型 根据《混凝土砌块系列块型》(05SG616)的规定,砌块类型如下：

1)根据块型厚度,有 90 mm、120 mm、140 mm、190 mm、240 mm、290 mm 等厚度系列块型,其中 90 mm 厚用于内隔墙砌筑(及自承重砌块),承重墙则常用 190 mm 厚系列砌块。

2)根据功能,除上述自承重和承重砌块外,还有保温砌块、吸音砌块、装饰砌块等块型。

3)根据砌块用于不同的部位,有专用于芯柱清扫口砌筑的芯柱砌块,用于附壁柱的柱砌块,以及系梁砌块、过梁砌块、窗台砌块和女儿墙的压顶砌块等功能砌块。

除此之外,还有通过其肋或壁的局部突出凹进咬合成连锁键的连锁砌块,对提高砌体的整体性及抗剪、抗弯和抗裂能力有重要意义。

4)190 mm 厚承重墙砌块。

用于承重墙砌块的 190 mm 厚混凝土小砌块块型见表 3.2、表 3.3。

表 3.2 190 mm 厚混凝土小砌块块型(一)

简称	190 mm 厚砌块主块型系列示例与代号		简称	芯柱砌块系列块型示例与代号	
4A 4B	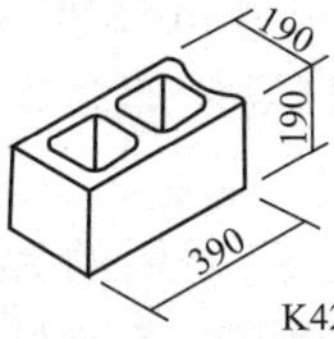 K422A	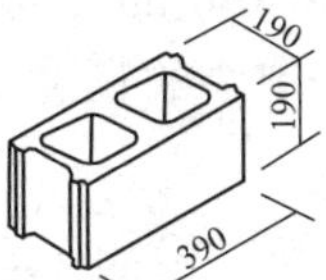	X4 X4A	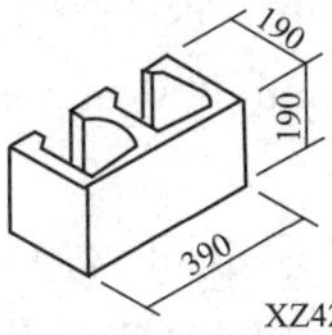 XZ422	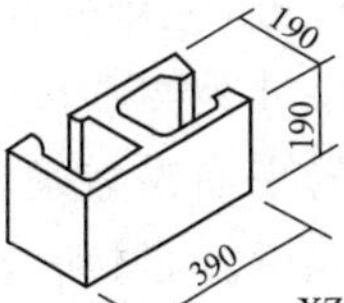 XZ422A
3 3A	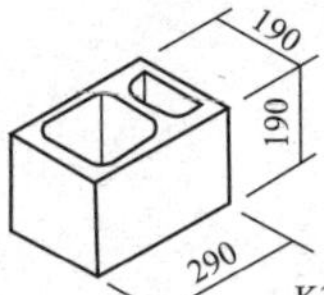 K322	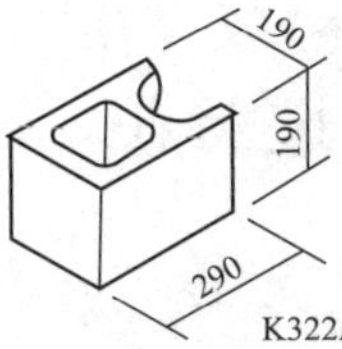 K322A	X4B X4C	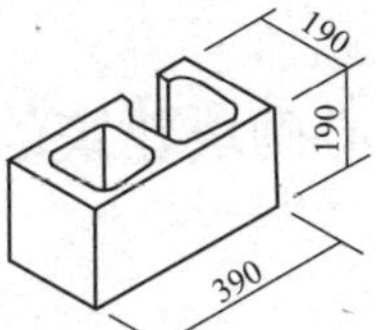 XZ422B	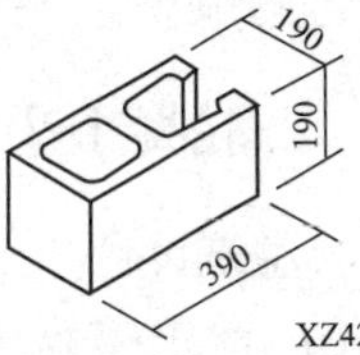 XZ422C
2A 2B	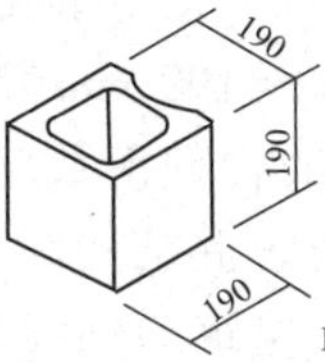 K222A	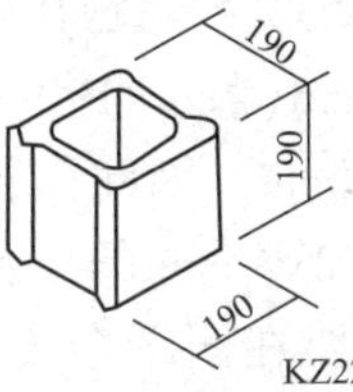 KZ22B	X2	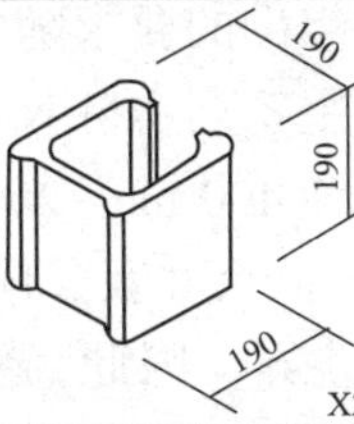 X222C	—

表 3.3 190 mm 厚混凝土小砌块块型(二)

简称	系梁砌块及辅助块型示例与代号		简称	过梁砌块、控制缝砌块块型示例与代号	
L4A L4B	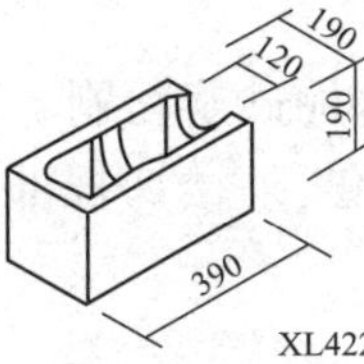 XL422A	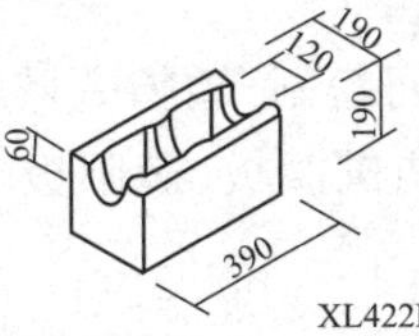 XL422B	L3 L2	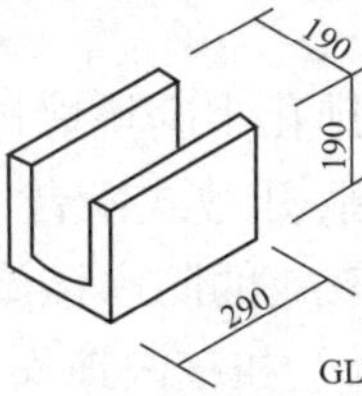 GL322	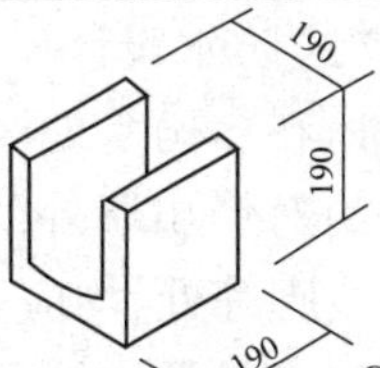 GL222
L4C L3A (L3B)	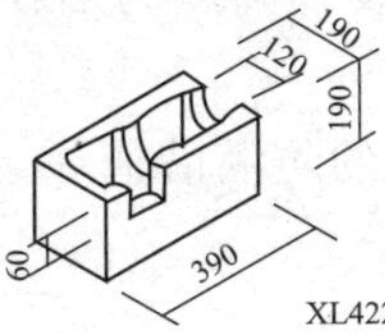 XL422C	虚线表示 L322B 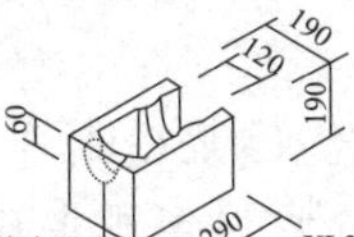 XL322A (L322B)	F4A F4B	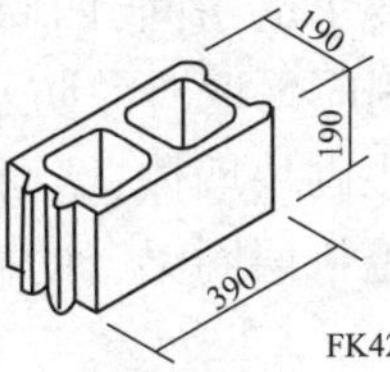 FK422A	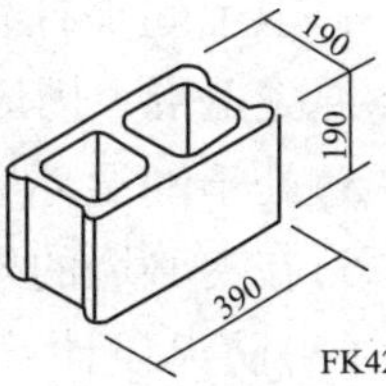 FK422B
L2A L2B	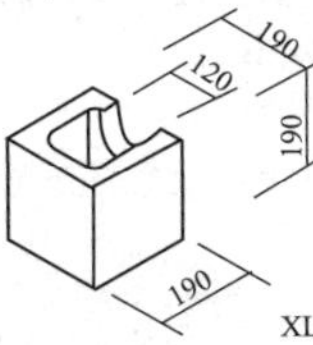 XL222A	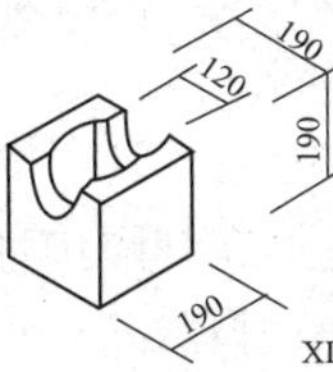 XL222B	F2A F2B	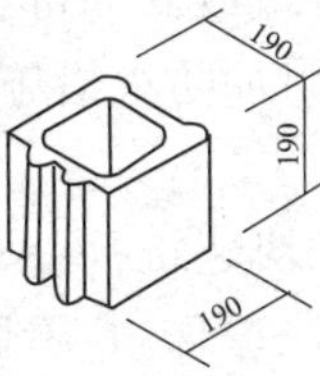 FK222A	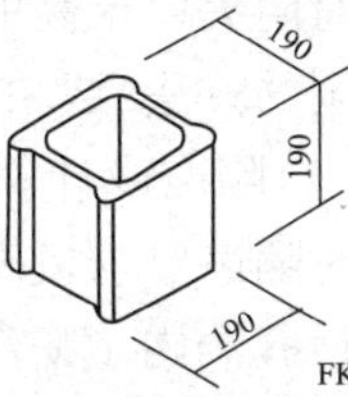 FK222B

2.混凝土小型空心砌块的模数

高度:主规格尺寸为190 mm,辅助规格尺寸为90 mm,其公称尺寸为200 mm和100 mm。因此砌块高度应满足建筑房屋竖向模数(层高)的要求。

长度:主规格为390 mm,辅助规格为290 mm和190 mm,极少数辅助规格有90 mm。其公称尺寸为400 mm、300 mm、200 mm和100 mm。砌块的长度主要依据砌体的组砌要求和建筑的平面模数确定。

厚度:因材料、功能要求不同,有90 mm、190 mm、240 mm、290 mm等,通用的为90 mm和190 mm,二者配合使用能同时满足砌体搭砌、咬砌要求,其余砌块厚度需对节点处的块型尺寸进行调整。

二、混凝土小型空心砌块建筑的设计和构造特点

1.建筑设计

(1)建筑模数

不像普通砖可以根据组砌的要求随便砍切,因此模数问题在砌块砌筑中尤为重要。

混凝土小型空心砌块主系列实际尺寸为390 mm(长)×190 mm(宽)×190 mm(高),加10 mm灰缝后的标称尺寸为400 mm×200 mm×200 mm。因此该种砌块的合理模数应为2M(M=100 mm),即墙段的平面尺寸及竖向尺寸应为200 mm的倍数,这与砖混结构墙体轴线尺寸一般取3M模数存在差异。因此,施工方不但要在图纸会审时关注建筑的轴线尺寸是否符合2M模数,更要在施工过程中注意控制窗间墙、门垛、墙垛、壁柱以及门洞、窗洞、窗台高等尺寸符合2M模数。

《混凝土小型空心砌块建筑技术规程》(JGJ/T 14—2011)规定:平面设计宜以2M为基本模数,特殊情况下可采用1M;竖向设计及墙的分段净长度应以1M为模数。

(2)防水设计

1)在多雨水地区,单排孔小砌块墙体应做双面粉刷,勒脚应采用水泥砂浆粉刷。

2)对伸出墙外的雨棚、开敞式阳台、室外空调机搁板、遮阳板、窗套、外楼梯根部及水平装饰线脚等处,均应采用有效的防水措施。

3)室外散水坡顶面以上和室内地面以下的砌体内,宜设置防潮层。

4)卫生间等有防水要求的房间,四周墙下部应灌实一皮砌块,或设置高度为200 mm的现浇混凝土带。内墙粉刷应采取有效防水措施。

5)处于潮湿环境的小砌块墙体,墙面应采用水泥砂浆粉刷等有效的防潮措施。

6)在夹心墙的外叶墙每层圈梁上的砌块竖缝底宜设置排水孔。

(3)防火设计

对防火要求高的砌块建筑或其局部,宜采用提高墙体耐火极限的混凝土或松散材料灌实孔洞的方法,或采取其他附加防火措施。

(4)隔声设计

对隔声要求较高的小砌块建筑,可采用下列措施提高其隔声性能:

1)孔洞内填矿渣棉、膨胀珍珠岩、膨胀蛭石等松散材料。

2)在小砌块墙体的一面或双面采用纸面石膏板或其他板材做带有空气隔层的复合墙体

构造。

(5)节能设计

小砌块建筑的外墙可采用外保温、内保温,或带有空气间层和不带有空气间层的夹心复合保温技术。一般情况下,宜采用外墙外保温技术。

小砌块建筑采用钢筋混凝土平屋面时,应在屋面上设置保温隔热层。

小砌块住宅建筑宜做成有檩体系坡屋面。当采用钢筋混凝土基层坡屋面时,坡屋面宜外挑出墙面,并应在屋面上设置保温隔热层。

钢筋混凝土屋面板及上面的保温隔热防水层中的刚性面层、砂浆找平层等应设置分隔缝,并应与周边的女儿墙断开。

2.结构设计

(1)砌块结构中的配筋

根据配筋方式和受力情况,砌块结构分为:约束配筋砌块结构和均匀配筋砌块结构。

1)约束配筋砌块结构　约束配筋砌块结构即一般砌块结构,要求在砌块墙体的局部配置构造钢筋,如墙体的转角、丁字接头、十字接头和墙体较大洞口边缘设置有竖向插筋的芯柱,并在这些部位设置一定的拉结网片。其主要作用是将建筑物的砌块墙体变为约束砌体构件,达到在水平地震作用下有足够的延性和变形能力。

2)均匀配筋砌块结构　又称配筋砌块,这种砌体和钢筋混凝土剪力墙一样,对水平和竖向配筋有最小配筋率要求,而且在受力模式上也类同于混凝土剪力墙结构,利用配筋剪力墙承受结构的竖向和水平作用,是结构的承重和抗侧力构件。配筋砌体的注芯率一般大于50%。

(2)芯柱设置

多层小砌块房屋应按要求设置钢筋混凝土芯柱(见表3.4)。

表3.4　多层小砌块房屋芯柱设置要求

房屋层数				设置部位	设置数量
6度	7度	8度	9度		
四、五	三、四	二、三		外墙转角,楼、电梯间四角,楼梯斜梯段上下端对应的墙体处; 大房间内外墙交接处; 错层部位横墙与外纵墙交接处; 隔12 m或单元横墙与外纵墙交接处	外墙转角,灌实3个孔; 内外墙交接处,灌实4个孔; 楼梯斜梯段上下端对应的墙体处,灌实2个孔
六	五	四		同上; 隔开间横墙(轴线)与外纵墙交接处	

续表 3.4

房屋层数				设置部位	设置数量
6 度	7 度	8 度	9 度		
七	六	五	二	同上； 各内墙(轴线)与外纵墙交接处； 内纵墙与横墙(轴线)交接处和洞口两侧	外墙转角，灌实 3 个孔； 内外墙交接处，灌实 4 个孔； 楼梯斜梯段上下端对应的墙体处，灌实 2 个孔
	七	≥六	≥三	同上； 横墙内芯柱间距不大于 2 m	外墙转角，灌实 7 个孔； 内外墙交接处，灌实 5 个孔； 内墙交接处，灌实 4~5 个孔； 洞口两侧各灌实 1 个孔

注：外墙转角、内外墙交接处、楼电梯间四角等部位，应允许采用钢筋混凝土构造柱替代部分芯柱。

对外廊式和单面走廊式的多层房屋、横墙较少的房屋，应根据房屋增加一层的层数要求设置芯柱；横墙很少的房屋应按增加两层的层数要求设置芯柱，钢筋混凝土芯柱见图 3.10。

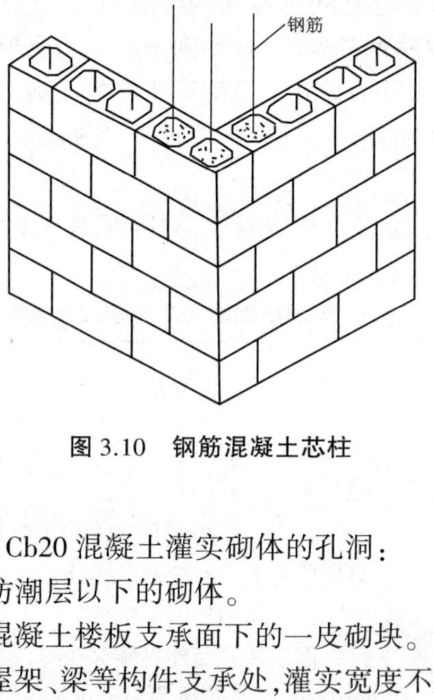

图 3.10 钢筋混凝土芯柱

(3)灌孔

在墙体的下列部位，应用 Cb20 混凝土灌实砌体的孔洞：

1)底层室内地面以下或防潮层以下的砌体。

2)无圈梁的檩条和钢筋混凝土楼板支承面下的一皮砌块。

3)未设置混凝土垫块的屋架、梁等构件支承处，灌实宽度不应小于 600 mm，高度不应小于 600 mm 的砌块。

4)挑梁支承面下，其支承部位的内外墙交接处，纵横各灌实 3 个孔洞，灌实高度不小于三皮砌块。

另外，纵横墙交接处，距墙中心线每边不小于 300 mm 范围内的孔洞，应采用不低于 Cb20 混凝土灌实，灌实高度应为墙身全高。

(4)其他构造规定

1)跨度大于 4.2 m 的梁，其支承面下应设置混凝土或钢筋混凝土垫块。当墙中设有圈梁时，垫块宜与圈梁浇成整体。当大梁跨度不小于 4.8 m 且墙厚为 190 mm 时，其支承处宜加设壁柱。

2）小砌块墙与后砌隔墙交接处，应沿墙高每 400 mm 在水平灰缝内设置不少于 $2\phi4$、横筋间距不大于 200 mm 的焊接钢筋网片（见图 3.11）。

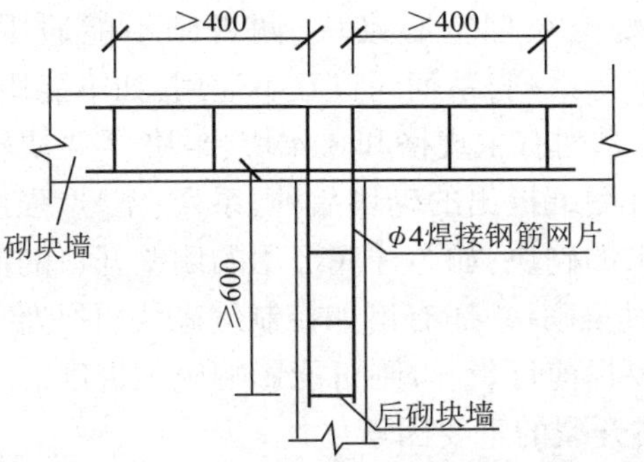

图 3.11　小砌块墙与后砌隔墙交接处钢筋网片

3.与水电安装相关的技术措施

砌块空心，在截面长边小于 500 mm 的承重墙体、独立柱内不得埋设管线。墙体中应避免开凿沟槽；当无法避免时，应采取必要的加强措施或按削弱后的截面验算墙体的承载力。

在小砌块住宅建筑的门厅和楼梯间内，应安排好竖向水、电管线用的管道井，以及各种表盒的位置，并保证表盒安装后的楼梯及通道的尺寸符合有关规范要求。当需要在墙片上开边长≥500 mm 的洞时，在开洞墙片设芯柱和钢筋混凝土带，形成封闭框架式的墙体。

下水管道的主管、支管或立管、横管均宜明管安装。管径较小的管线，可预埋于墙体内。

对可能安装空调机、热水器、抽油烟机等重物的砌块墙体，应把该范围内指定位置的空心砌块用混凝土灌实（见图 3.12）。在用户手册中指明灌实砌块的具体位置，告知用户关于砌块建筑使用与维护的须知内容。

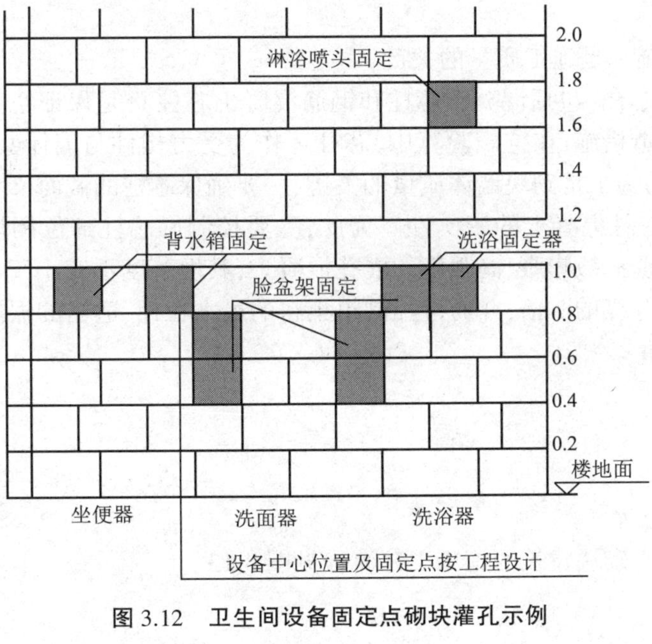

图 3.12　卫生间设备固定点砌块灌孔示例

三、混凝土小型空心砌块建筑的施工特点

1.混凝土小型空心砌块的品种、系列、规格多

与实心普通砖不同,混凝土小型空心砌块有品种、系列、型号之分。如果内隔墙用轻质砌块,承重墙采用普通混凝土小型空心砌块,两者则不能通用。每一种砌块有 90 mm、120 mm、190 mm 和 240 mm 等系列,系列间也互不通用,如不能用两块 90 mm 宽的砌块组砌成 190 mm 厚的墙。每一个系列有主规格和 3/4 块、半块、1/4 块辅助块等。

施工单位必须按照设计图纸提出的砌块品种、系列、型号、强度等级,向砌块生产厂预先订货。尤其对一些特殊要求的砌块,如芯柱底部用的侧壁开口的清扫砌块(不同芯柱侧壁开口部位不同),无须支模的过梁砌块,还有诸如控制缝砌块、预埋件砌块、管道用砌块、窗台砌块、女儿墙压顶砌块等,都要提前订货,否则可能影响施工进度。

2.施工质量是影响墙体开裂的重要因素

混凝土小型空心砌块建筑的墙体较实心砖砌体墙体容易开裂。施工方面的影响因素主要有:

(1)空心砌块上下两皮砌筑,后壁、肋接触面积小,抗剪强度低,潮湿的砌块产生的收缩应力大于砂浆黏结强度时,容易使砌块墙体开裂。因此,与普通实心砖砌体砌筑不同的是砌块砌筑前不应浇水。

(2)由于砌块孔大、壁薄、块高,且砌块质地平整,与砂浆的黏附力差,因此,空心砌块砌筑应采用专用的砌筑砂浆,除强度和保水性外,砂浆的稠度和黏结性较普通砖的砌筑砂浆要求高,质量控制也应严格。施工现场简易测试黏结性可用铁锹铲少许砂浆,稍微晃动,旋转 180°朝下,以砂浆不掉落为适宜。

(3)砂浆的饱满度应符合规范要求。砌块墙体水平灰缝和竖向灰缝的饱满度均不宜低于 90%,由于砌块的高度为 190 mm,是实心砖高度的 3 倍,因此,竖缝砂浆的饱满度对墙体的质量尤为重要。

3.混凝土芯柱施工是施工质量的关键

在墙体中设置芯柱(包括混凝土芯柱和钢筋混凝土芯柱),是保证空心小砌块建筑整体工作性能的重要构造措施,在抗震验算中,芯柱还作为受力构件与墙体共同抵抗地震作用。因此,混凝土芯柱的施工是砌块墙体质量的关键,一要确保芯柱的截面尺寸不小于 120 mm×120 mm,二要保证芯柱混凝土的密实性。为此,除要控制好芯柱部位砌块的对孔砌筑质量外,还应该使用高流态、微膨胀、高强度的灌孔混凝土,其坍落度不宜小于 180 mm,强度等级不宜低于块体强度等级的 2 倍,并通过控制粗集料的最大粒径、适当的振捣等措施来保证芯柱的混凝土浇筑质量。

四、砌筑施工

1.施工技术准备

(1)砌筑工艺流程

混凝土小型空心砌块建筑的施工工艺流程见图 3.13。

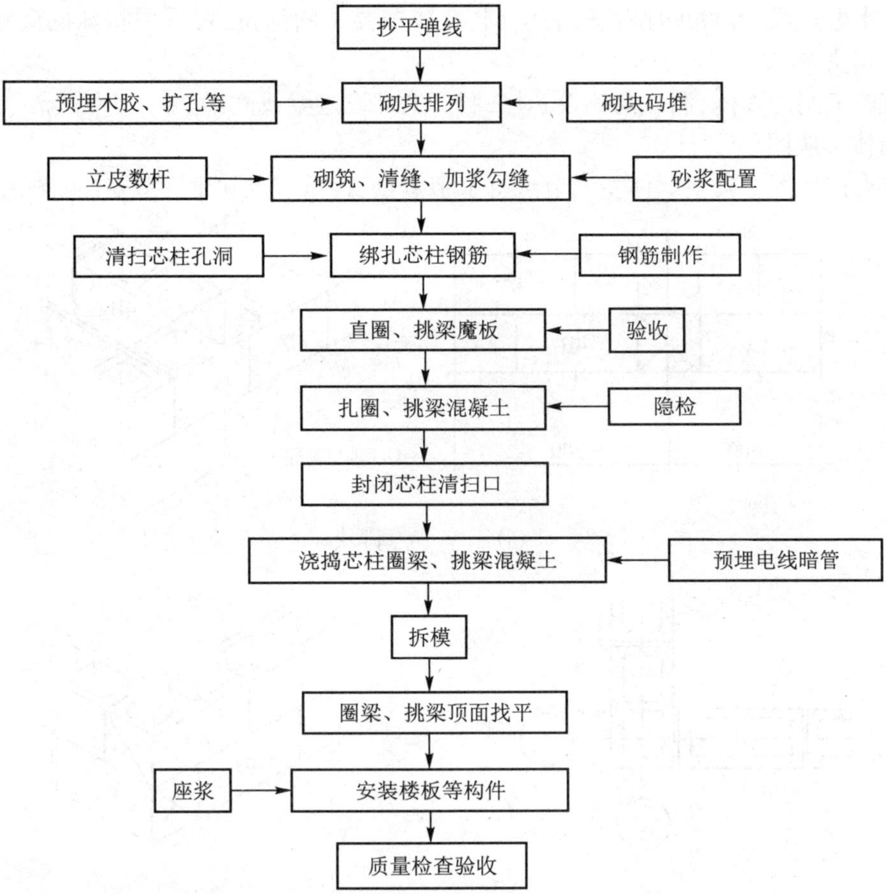

图 3.13　混凝土小型空心砌块建筑的施工工艺流程

(2)绘制墙体砌块排列图

墙体施工前必须按房屋设计图编绘小砌块平、立面排块图。排列时应根据小砌块规格、灰缝厚度和宽度,门窗洞口尺寸、过梁与圈梁或连系梁的高度、芯柱或构造柱位置,预留洞大小、管线、开关、插座敷设部位等,进行对孔、错缝搭接的排列。

1)墙体砌块排列图的绘制原则

①在满足墙体技术要求和尺寸要求的前提下以主规格小砌块为主,辅以相应的辅助块。

②根据设计图纸要求进行排块,遇到模数不合适的窗间墙、墙垛、门窗洞口时,应征得设计、监理和建设单位同意,经设计变更后绘制排块图。

③排块先从墙体两端节点或者从一端节点一端洞口开始,再排两节点中间或者节点与洞口中间墙体砌块,排块时尽可能采用主尺寸系列块。

④上下两皮砌块应对孔、错缝排块,搭接长度不应小于 90 mm。墙体的个别部位不能满足要求时,应在灰缝中设置拉结钢筋或钢筋网片。

⑤墙体竖向在楼板标高处,遇到非模数尺寸时,尽可能用现浇圈梁的方法来解决。避免采用不合模数的尺寸调整砌块。

⑥有水电管线、各种预埋盒、安装空调、有装饰要求的部位，可采用特殊的砌块，或砌筑前切割好砌块。

⑦有施工洞的墙体，洞口两侧设芯柱，洞口上部设过梁或圈梁。

2）墙体排块图

①节点排块图　砌块墙体主要节点有丁字节点、转角节点和十字节点（见图3.14）。

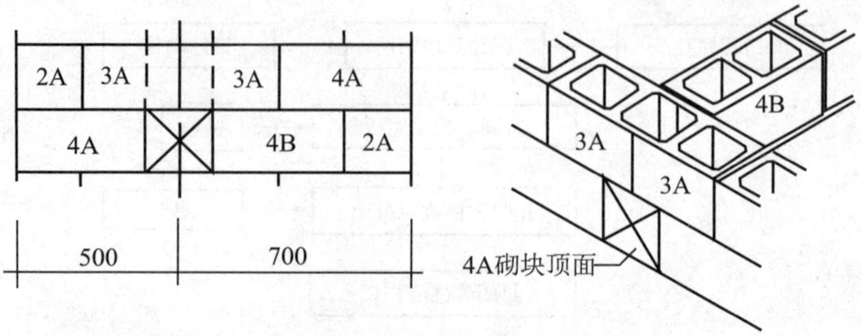

(a)丁字节点排块

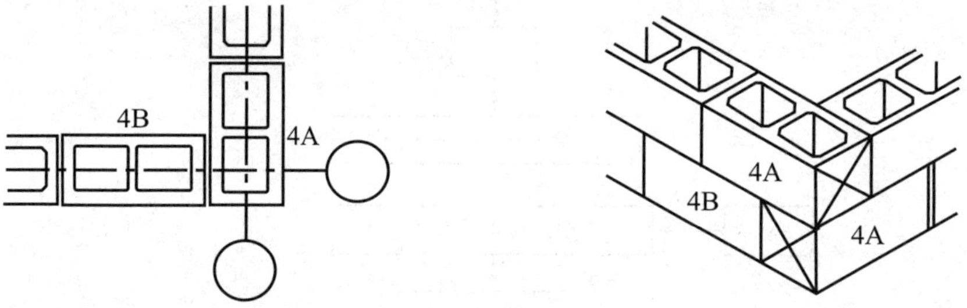

(b)转角节点排块

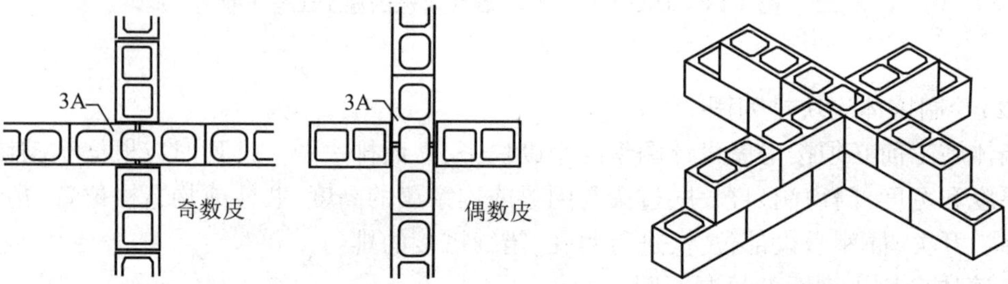

(c)十字节点排块

图3.14　节点排块图

其中，除每楼层第一皮按结构设计要求设芯柱清扫口块外，均按二皮循环一次排块。在工程中，半孔不能作为插筋芯柱，当需要在孔中插筋时应调整成整孔的尺寸。

②墙体排块图　外墙排块与层高、开间、门窗洞口尺寸相关，当建筑设计模数为3M，与砌块模数不协调时，可通过调整窗台和现圈梁的高度或砌筑一皮100 mm高的调整砌块，予以调整。标准图集《混凝土小型空心砌块墙体建筑构造》（05J102-1）给出了各类墙体的排块示例，图3.15为其中之一。

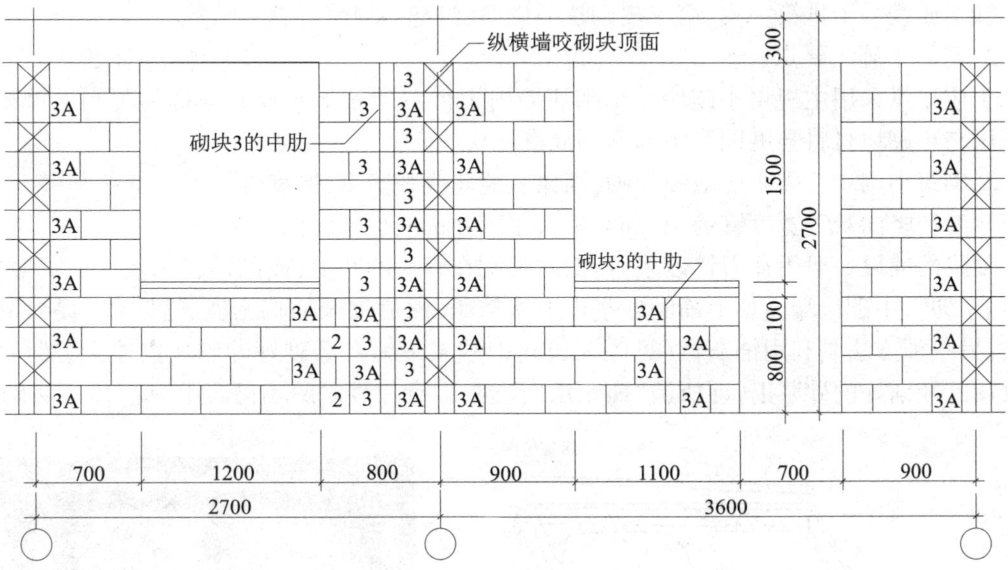

图 3.15　外墙排块示例

注:1.本图适用于混水墙的开间立面排块,圈(过)梁高度宜为 1M 的倍数。

2.图中未注砌块代号的为 4A、4B 或 2A、2B,窗间墙的排块应与窗口上下协调一致,以便芯柱贯通。

3.窗间墙的下部排块由两边轴线开始向中间排,应首先选用主砌块,余数用辅助块进行调配。

4.砌块 3 的中肋应与上下砌块的边肋对齐。

5.墙体芯柱的设置和拉结筋要求按国标图集 05G613。

2.砌筑施工

(1)基础及墙体的组砌方式

混凝土小砌块基础一般砌成台阶式,每砌一皮或二皮收进一次,每边收进 1/2 砌块宽。

混凝土小砌块墙一般采用全顺砌法,空心呈垂直方向,上下两皮砌块竖向灰缝错开 1/2 砌块长,墙的厚度等于砌块宽度 190 mm(见图 3.16)。

混凝土小型空心砌块的砌筑施工

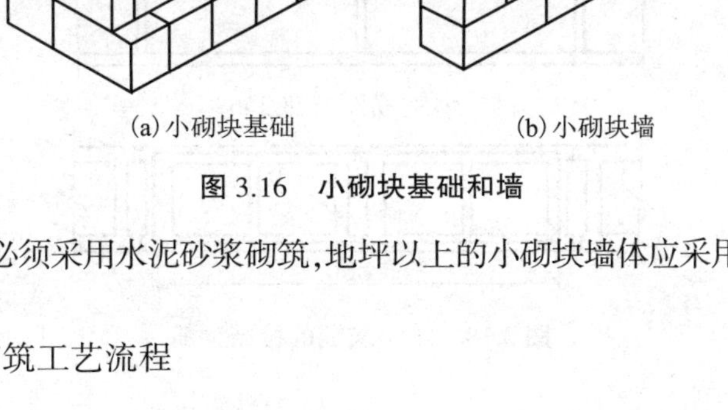

(a)小砌块基础　　(b)小砌块墙

图 3.16　小砌块基础和墙

小砌块基础砌块必须采用水泥砂浆砌筑,地坪以上的小砌块墙体应采用水泥混合砂浆砌筑。

(2)砌筑工艺

1)小砌块墙体砌筑工艺流程

抄平放线→干排第一皮、第二皮砌块→砌筑、清缝→原浆勾缝→自检。

2)砌筑中施工要点

①应尽量采用主规格小砌块。小砌块墙内不得混砌黏土砖或其他墙体材料。镶砌时，应采用与小砌块材料强度同等级的预制混凝土块。

②砌筑小砌块的砂浆应随铺随砌，墙体灰缝应横平竖直，饱满度均不宜低于90%。水平灰缝厚度和竖向灰缝宽度宜为10 mm，不得小于8 mm，也不应大于12 mm。

砂浆的铺设一般用瓦刀铲砂浆后，把砂浆刮在砌块的肋上，或刮贴在砌块一端的竖向灰缝面上，即将小砌块端面朝上铺满砂浆再上墙挤紧，然后加浆插捣密实，这叫作“提刀灰”砌筑法；另一种方法是利用铺灰器(见图3.17)，把砂浆平铺在已砌好的砌块墙体上，然后将砌块放在已经铺好的砂浆上，即所谓“座浆法”砌筑，但砌块竖向两端仍需用“提刀灰”法砌筑。

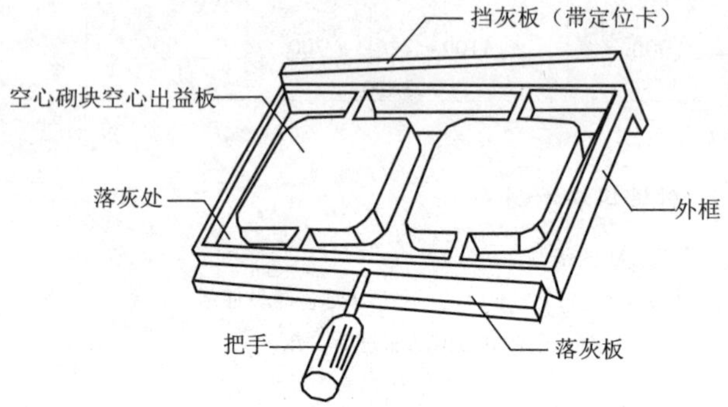

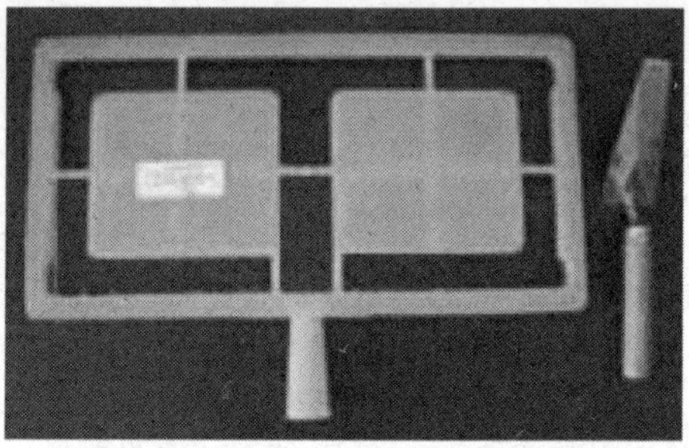

图3.17 空心砌块砂浆铺灰器

砌筑时，墙面必须用原浆做勾缝处理。缺灰处应补浆压实，并宜做成凹缝，凹进墙面2 mm。

小砌块，包括多排孔封底小砌块、带保温夹芯层的小砌块，均应底面朝上(即反砌)砌筑。

③小砌块砌筑形式应每皮顺砌，上下皮小砌块应对孔，竖缝应相互错开1/2主规格小砌块长度。使用多排孔小砌块砌筑墙体时应错缝搭砌，搭接长度不应小于90 mm。否则，应在此水平灰缝中设4ϕ4钢筋点焊网片。网片两端与竖缝的距离不得小于400 mm。竖向通缝不得超过两皮小砌块。

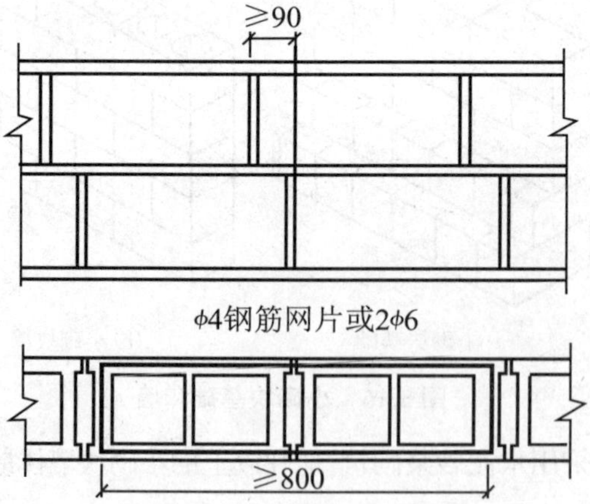

图3.18 水平灰缝的拉结钢筋

④墙体转角处和纵横墙交接处应同时砌筑，并相互交错搭接。临时间断处应砌成斜槎，斜槎水平长度不小于斜槎高度。转角处及抗震设防区严禁留置直槎。非抗震设防区的内外墙临时间断处留斜槎有困难时，可从砌体面伸出 200 mm 砌成阴阳槎，并每三皮砌块设拉结筋或钢筋网片，接槎部位延至门窗洞口（见图 3.19）。

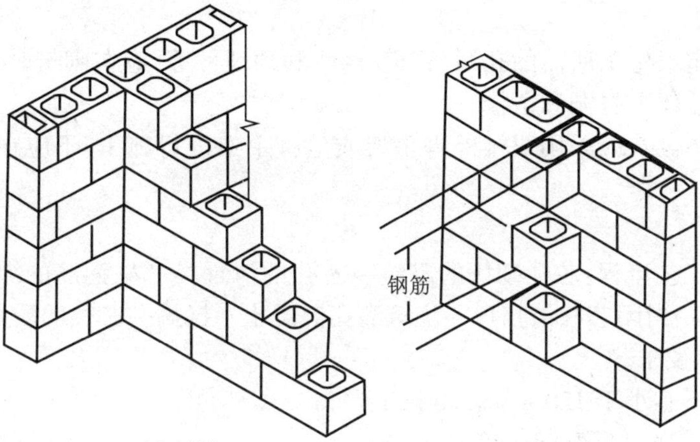

(a)斜槎　　(b)阴阳槎

图 3.19　混凝土小砌块墙斜槎和阴阳槎

⑤在砌筑中，已砌筑的小砌块受撬动或碰撞时，应清除原砂浆，重新砌筑。

⑥正常施工条件下，小砌块墙体每日砌高度宜控制在 1.4 m 或一步脚手架高度内。

⑦先砌墙与后砌隔墙交接处，应沿墙高每 400 mm 在水平灰缝内设置不少于 $2\phi4$、横筋间距不大于 200 mm 的焊接钢筋网片，伸入后砌隔墙内不小于 600 mm（见图 3.20）。

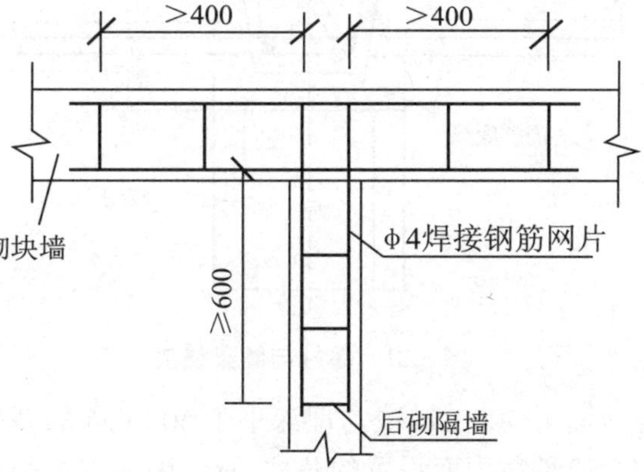

图 3.20　砌块墙与后砌隔墙交接处钢筋网片

⑧安装预制梁、板时，必须先找平后灌浆，不得干铺。预制楼板安装也可采用硬架支模法施工。

⑨窗台梁两端伸入墙内的支承部位应预留孔洞。孔洞口的大小、部位与上下皮小砌块

孔洞，应保证门窗洞两侧的芯柱竖向贯通。

⑩木门窗框与小砌块墙体两侧连接处的上、中、下部位应砌入埋有沥青木砖的小砌块(190 mm×190 mm×190 mm)或实心小砌块，并用铁钉、射钉或膨胀螺栓固定。

⑪门窗洞口两侧的小砌块孔洞灌填C20混凝土后，其门窗与墙体的连接方法可按实心混凝土墙体施工。

⑫对设计规定或施工所需的孔洞、管道、沟槽和预埋件等，应在砌筑时进行预留或预埋，不得在已砌筑的墙体上打洞和凿槽。

⑬小砌块墙体砌筑应采用双排外脚手架或里脚手架进行施工，不应在砌筑的墙体上设脚手架孔洞。

3.芯柱施工

芯柱的施工工艺流程：芯柱砌块的砌筑→芯孔的清理→芯柱钢筋的绑扎→隐蔽工程检验(简称"隐检")→封闭芯柱清扫口→浇筑灌孔混凝土→振捣→芯柱的质量检查。

(1)芯柱构造要求

1)芯柱截面不宜小于120 mm×120 mm。

2)芯柱混凝土强度等级，不应低于Cb20。

3)芯柱的竖向插筋应贯通墙身且与圈梁连接(见图3.21)；插筋不应小于1ϕ12；6、7度时超过五层，8度时超过四层和9度时，插筋不应小于1ϕ14。

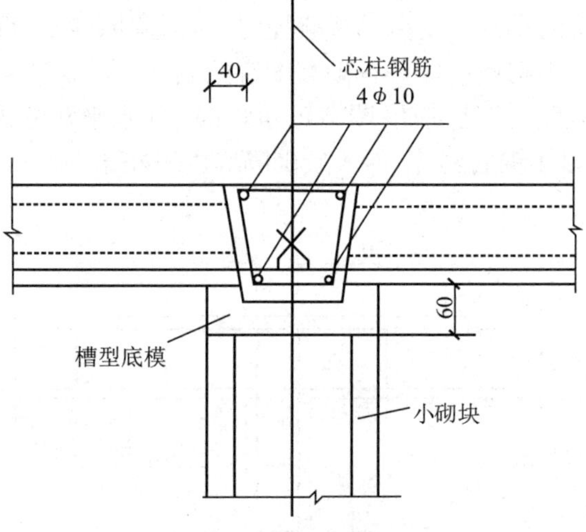

图3.21 芯柱与圈梁整浇

4)芯柱应伸入室外地面下500 mm或与埋深小于500 mm的基础圈梁相连。

5)为提高墙体抗震受剪承载力而设置的芯柱，宜在墙体内均匀布置，最大净距不宜大于2.0 m。

6)房屋墙体交接处或芯柱与墙体连接处应设置拉结钢筋网片(见图3.22)，网片可采用直径4 mm的钢筋点焊而成，沿墙高间距不大于600 mm，并应沿墙体水平通长设置。6、7度时底部1/3楼层，8度时底部1/2楼层，9度时全部楼层，上述拉结钢筋网片沿墙高间距不大于400 mm。

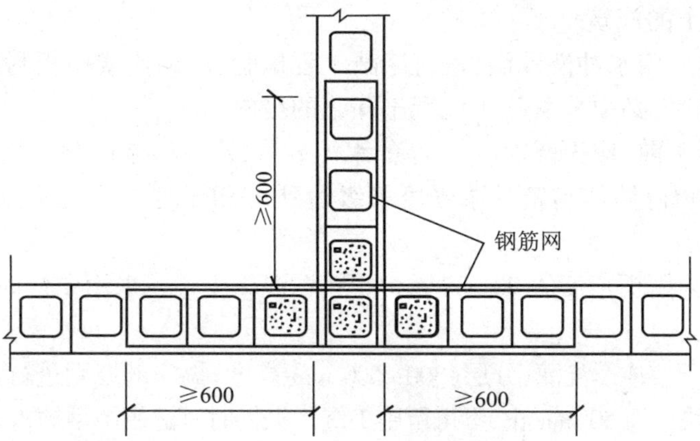

图 3.22　芯柱与墙拉结

(2)芯柱砌块的砌筑

芯柱部位用通孔砌块砌筑,为保证截面尺寸不小于 120 mm×120 mm,应将芯孔顶面和底面的飞边打掉。当采用半封底小砌块时,砌筑前必须打掉孔洞毛边。

芯柱部位的砌块排列:第一、二、三皮砌块排列不同,第一皮砌块带清扫口,应采用竖砌单孔 U 形、双孔 E 形或 L 形小砌块留设清扫口;第二、三皮砌块不带清扫口,往上砌筑偶数皮的砌块排列同第二皮,奇数皮的砌块排列同第三皮。按砌块排列图的要求,在第一皮砌块的顶面、第三皮砌块的顶面灰缝中加钢筋网片,往上每隔 600 mm 灰缝中设置钢筋网片。

(3)芯孔的清理

每层墙体砌筑到要求标高后,应及时清扫芯柱孔洞内壁及芯柱孔道内掉落的砂浆等杂物。因涉及芯柱混凝土的截面尺寸,因此必须清理干净,要有相应的照明和检查措施,并纳入隐检验收项目。

(4)芯柱钢筋的绑扎

芯柱钢筋应采用带肋钢筋,并从上向下穿入芯柱孔洞,放在孔洞的中心位置,通过清扫口与圈梁(基础圈梁、楼层圈梁)伸出的插筋绑扎搭接,搭接长度应为钢筋直径的 45 倍。

当预埋钢筋位置出现偏差时,应将预埋钢筋斜向与芯柱内钢筋连接(见图 3.23)。

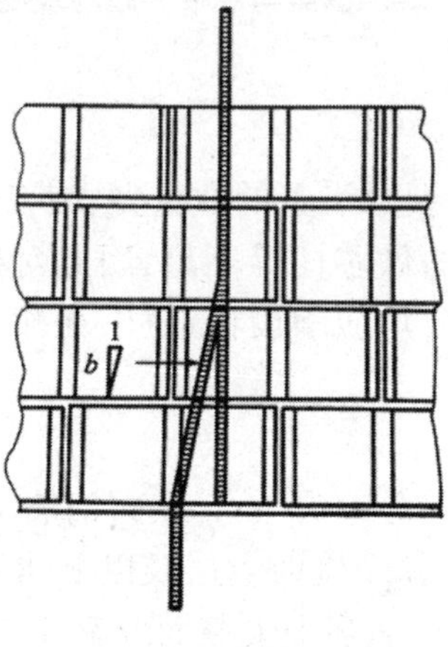

图 3.23　钢筋位置纠偏

(5)灌孔混凝土的浇筑

混凝土浇筑前应用水冲洗孔洞,进行隐蔽工程检验,用砌块或模板封闭清扫口。用模板封闭芯柱的清扫口时,必须采取防止混凝土漏浆的措施。

灌筑芯柱混凝土前,应先浇 50 mm 厚的水泥砂浆,水泥砂浆应与芯柱混凝土成分相同。

芯柱混凝土必须待墙体砌筑砂浆强度等级达到 1 MPa 时方可浇灌,并应定量浇灌,做好记录。

芯柱混凝土宜采用坍落度为 70~80 mm 的细石混凝土。当采用泵送时,坍落度宜为 140~160 mm。

芯柱混凝土必须按连续浇灌、分层(300~500 mm 高度)捣实的原则进行操作,一直浇至离该芯柱最上一皮小砌块顶面 50 mm 止,不得留施工缝。振捣时宜选用微型插入式振动棒振捣。

当现浇圈梁与芯柱一起浇筑时,在未设芯柱部位的孔洞应设钢筋网片(见图 3.24),避免混凝土灌入非芯柱砌块孔洞内。

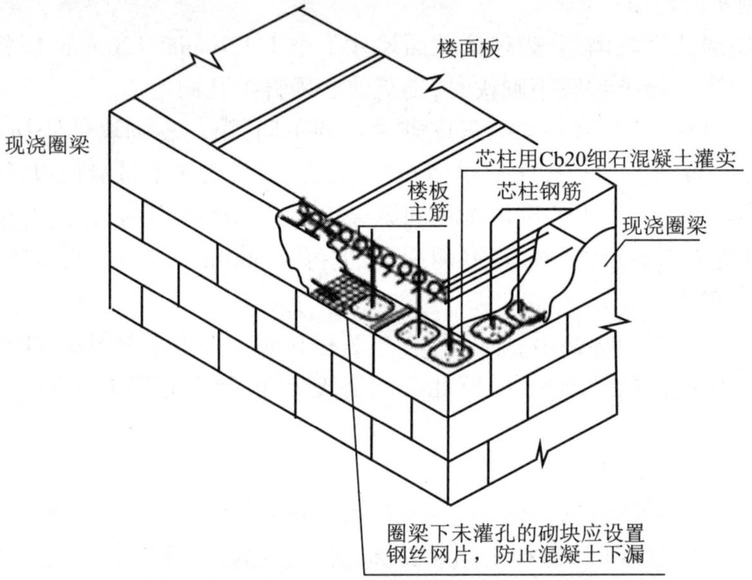

图 3.24 现浇圈梁与芯柱一起浇筑混凝土

五、构造柱施工

空心砌块建筑设芯柱做法存在要求设置的数量多、施工浇灌混凝土不易密实、浇灌的混凝土质量难以检查、多排孔砌块无法做芯柱等不足,因此对抗震设防的空心小砌块房屋,要求所有纵横墙交接处及横墙的中部,均应增设构造柱,在横墙内的柱距不宜大于层高,在纵墙内的柱距不宜大于 4.2 m。

(1)构造柱的构造要求

1)构造柱最小截面可采用 190 mm×190 mm,纵向钢筋不宜少于 4ϕ12,箍筋间距不宜大于 200 mm,且在柱上下端宜适当加密;7 度时六层及以上、8 度时五层及以上,构造柱纵向钢筋宜采用 4ϕ14,房屋四角的构造柱可适当加大截面及配筋。

2)构造柱与砌块墙连接处应砌成马牙槎,其相邻的孔洞,6 度时宜填实或采用加强拉结筋构造(沿高度每隔 200 mm 设置 2ϕ4 焊接钢筋网片)代替马牙槎;7 度时应填实,8 度时应填实并插筋 1ϕ12,沿墙高每隔 600 mm 应设置 2ϕ4 焊接钢筋网片,每边伸入墙内不宜小于 1 m。

3)与圈梁连接处的构造柱的纵筋应穿过圈梁,保证构造柱纵筋上下贯通。

4)构造柱可不单独设置基础,但应伸入室外地面下 500 mm,或与埋深小于 500 mm 的基础圈梁相连。

5)必须先砌筑砌块墙体,再浇筑构造柱混凝土。

(2)构造柱的施工

1)设置钢筋混凝土构造柱的小砌块砌体,应按绑扎钢筋→砌筑墙体→支设模板→浇筑混凝土的施工顺序进行。

2)墙体与构造柱连接处应砌成马牙槎。从每层柱脚开始,先退后进,形成 100 mm 宽、200 mm 高的凹凸槎口。柱墙间应采用 2ϕ6 的拉结筋拉结,间距宜为 400 mm,每边伸入墙内长度应为 1000 mm 或伸至洞口边。

3)构造柱两侧模板必须紧贴墙面,支撑必须牢靠,严禁板缝漏浆。

4)构造柱混凝土保护层宜为 20 mm,且不应小于 15 mm。混凝土坍落度宜为 50~70 mm。

5)浇灌构造柱混凝土前应清除落地灰等杂物并将模板浇水湿润,然后先注入与混凝土配比相同的 50 mm 厚水泥砂浆,再分段浇灌、振捣混凝土,直至完成。凹形槎口的腋部必须振捣密实。钢筋混凝土构造柱钢筋绑扎效果见图 3.25,浇筑后效果见图 3.26。

图 3.25 钢筋混凝土构造柱钢筋绑扎效果

图 3.26 钢筋混凝土构造柱浇筑后效果图

第三节 砌块隔墙施工

石膏砌块隔墙

隔墙是垂直分割建筑物内部空间的非承重墙,一般要求轻、薄,有良好的隔声性能。不同功能的房间隔墙有不同的要求,如:厨房的隔墙应具有耐火性能;盥洗室的隔墙应具有防潮能力等。

隔墙按构造方式分为砌体隔墙、立筋式隔墙和板材隔墙等。通常,把砌体结构工程中后砌的非承重墙称为隔墙,把用轻质材料做成的立筋式隔墙、板材式(条板式)隔墙称为轻质隔墙。

砌体隔墙是指用普通砖、多孔砖、空心砖、加气混凝土砌块、轻集料空心砌块、石膏砌块等块材砌筑的墙。

为了减轻隔墙自重和节约用砖，可采用轻质砌块隔墙。目前常采用轻集料小型空心砌块、加气混凝土砌块、粉煤灰硅酸盐砌块、水泥炉渣空心砖以及石膏砌块等砌筑隔墙。

一、轻集料空心砌块隔墙

轻集料小型空心砌块一般两端带有凹凸槽口，组砌时相互咬合形成整体，故又称连锁砌块。其主规格有长×宽×高为 400 mm×90 mm×200 mm 和 400 mm×150 mm×200 mm 两种砌块系列（见表 3.5）。标准图集《轻集料空心砌块内隔墙》（03J114-1）对其排块、节点构造及施工有明确要求。

表 3.5　轻集料空心砌块规格型号表

系列	型号	长×宽×高/(mm×mm×mm)	外型示意	用途	系列	型号	长×宽×高/(mm×mm×mm)	外型示意	用途
90系列	K412	400×90×200	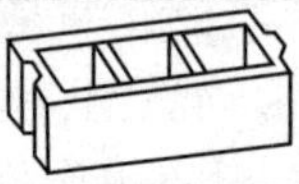	主规格块	150系列	K422	400×150×200	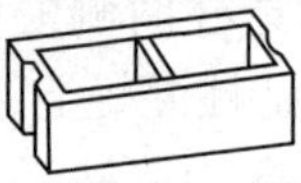	主规格块
	K312	245×90×200	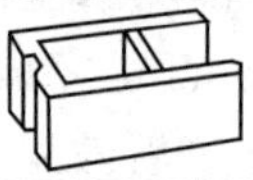	辅助块		K322	275×150×200	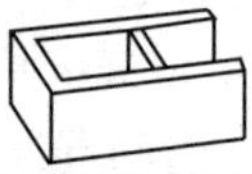	辅助块
	K212	200×90×200		辅助块		K222	200×150×200	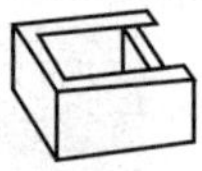	辅助块
	K211	200×90×100		辅助块		K221	200×150×100	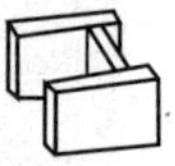	辅助块
	K412A	400×90×200	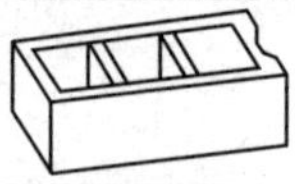	洞口块		K422A	400×150×200	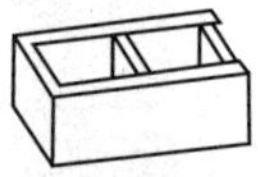	洞口块
	K312A	290×90×200	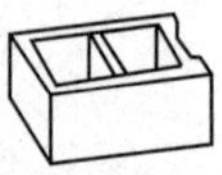	转角块		K322A	290×150×200	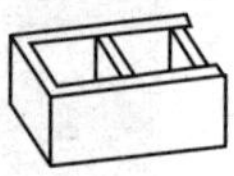	转角块
	G211	200×90×100		过梁块		G221	200×150×100	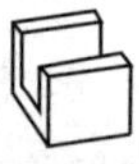	过梁块
	K212B	200×90×200		调整块		K222B	200×150×200		调整块

1.墙体构造

轻集料空心砌块砌筑时龄期必须超过 28 d，相对含水率符合要求（90 mm 宽砌块≤40%；150 mm 宽砌块≤25%）。墙体厚度有 90 mm、150 mm、180 mm（2×90 mm）三种，内隔墙长度按 1M 模数，不同平面形状可用 8 种块型进行组合，但最小墙垛尺寸为 200 mm。

（1）隔墙本身构造

内隔墙沿高度每隔 1.0 m 设一道腰带，用 K211（90 mm 砌块）或 K221（150 mm 砌块）辅助块砌筑，加 2ϕ6 筋，用 CL15 轻集料混凝土灌注。

内隔墙的洞口两侧、转角和丁字接头的节点处，均应设置芯柱，配 1ϕ12 筋，均灌注 CL15 轻集料混凝土。

150 mm 厚悬臂墙，7 度区墙高≤3.3 m，8 度区墙高≤2.8 m，长度每隔 3.0 m 设一个芯柱，7 度区配 2ϕ10 筋，8 度区配 2ϕ12 筋，灌注 CL15 轻集料混凝土。

（2）隔墙上、下端与梁、板连接

内隔墙上、下端与梁、板的连接（见图 3.27），其中最上一皮砌块应当采用 K212B（90 mm 砌块）或 K222B（150 mm 砌块）砌筑。

墙长度>6 m 时，应在墙体中间每隔 3 m 设一个芯柱（均灌注 CL15 轻集料混凝土），90 mm厚内隔墙芯柱配 1ϕ12 筋，150 mm 厚内隔墙芯柱配 2ϕ10 筋。

（3）隔墙两端与墙体连接

隔墙两端与墙体的连接为铰接。

90 mm 厚隔墙，墙高不应超过 3.0 m；150 mm 厚隔墙，墙高不应超过 4.5 m。

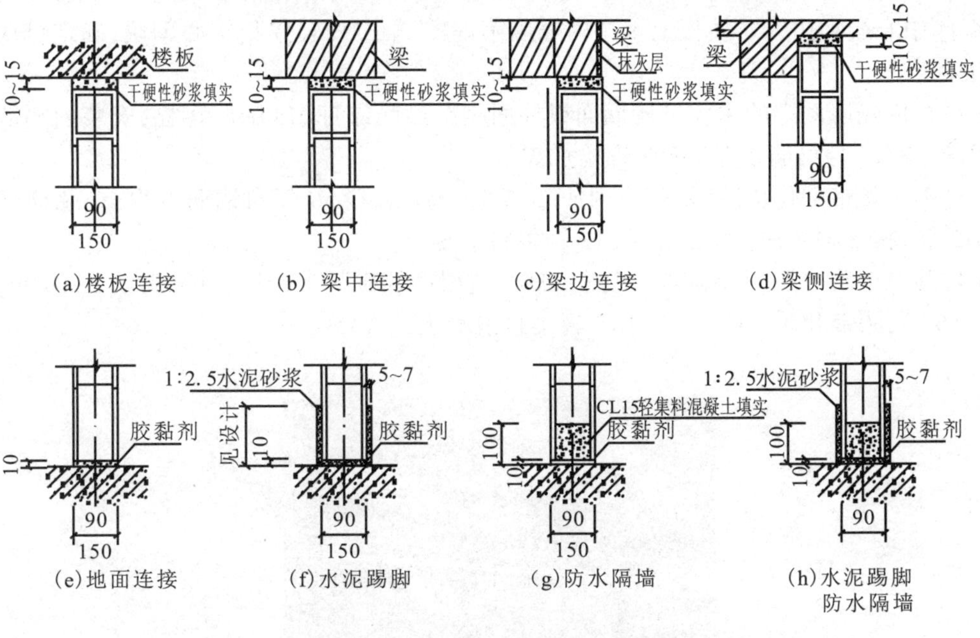

（a）楼板连接　（b）梁中连接　（c）梁边连接　（d）梁侧连接

（e）地面连接　（f）水泥踢脚　（g）防水隔墙　（h）水泥踢脚防水隔墙

图 3.27　轻集料空心砌块内隔墙与楼梁地面连接节点

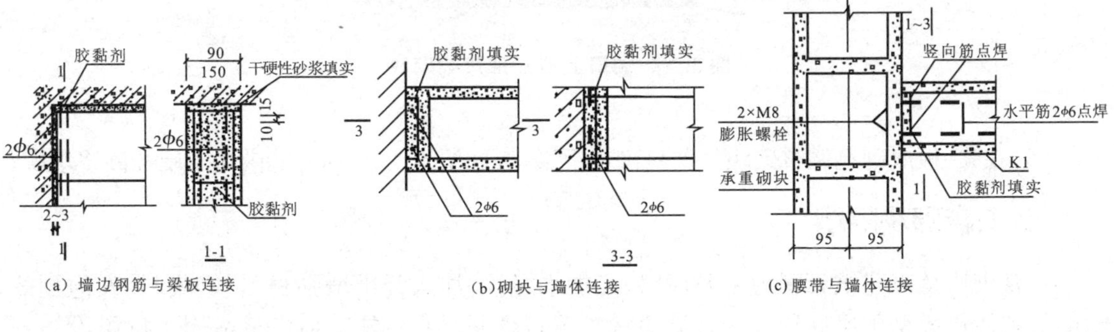

（a）墙边钢筋与梁板连接　（b）砌块与墙体连接　（c）腰带与墙体连接

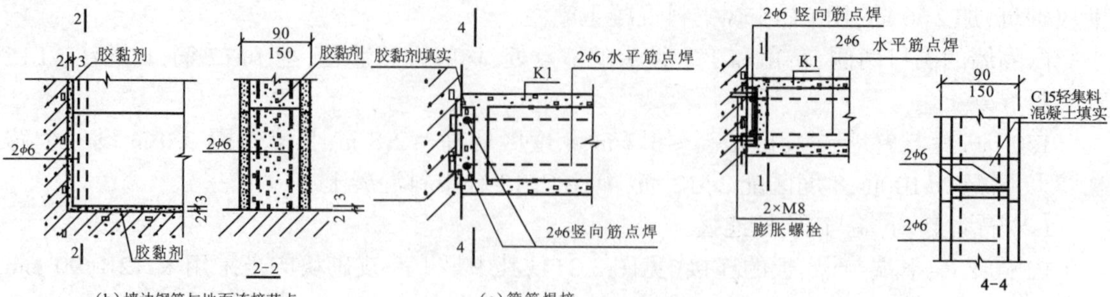

（b）墙边钢筋与地面连接节点　（e）箍筋焊接　（f）膨胀螺栓焊接

图 3.28　轻集料空心砌块内隔墙与两端墙体的连接节点

2.施工要求

施工应遵循标准图集《轻集料空心砌块内隔墙》(03J114-1)的规定。主要施工要点有：

(1)根据建筑设计图纸要求画出内隔墙空心砌块排块图。在楼板面和两端墙面或柱面，放出墙体中心线和边线。楼板上干排内隔墙第一皮、第二皮轻集料空心砌块，确定排块无误后再铺灰砌筑。

(2)在内隔墙两端的主体结构墙面或柱面剔出箍筋或打 M8 膨胀螺栓，安装内隔墙两端竖向钢筋(2ϕ6)与箍筋或 M8 膨胀螺栓点焊。

(3)砌至腰带部位，在腰带砌块内放 2ϕ6 筋，与两端 2ϕ6 竖向钢筋点焊，在芯柱部位插上 1ϕ12 筋，腰带和芯柱孔中灌注 CL15 轻集料混凝土。

(4)洞口上砌 U 形过梁砌块(见图 3.29)，过梁两侧砌腰带砌块，过梁内放 2ϕ10 筋，腰带内放 2ϕ6 筋，腰带和芯柱内灌注 CL15 轻集料混凝土。

图 3.29　洞口上砌 U 形过梁砌块

(5)在梁、板底砌筑调整砌块。调整砌块距梁、板底留 10~15 mm，缝内用干硬性砂浆填实。

二、石膏砌块隔墙

石膏砌块是以建筑石膏为主要原料，经加水搅拌，加入纤维增强材料、轻集料、发泡剂等辅助材料浇筑成型干燥后制成的轻质块状建筑石膏制品(见图 3.30)，只适用于抗震设防烈度为8度及8度以下地区的工业与民用建筑中非承重墙体,不得用于防潮层以下部位和长期处于浸水或化学侵蚀的环境中。

石膏砌块的砌筑可采用以建筑石膏作为胶凝材料,经加水搅拌制成的石膏基黏结浆,也可采用添加建筑胶黏剂的水泥砂浆。

图3.30　石膏砌块

1.墙体构造

(1)隔墙本身构造

隔墙窗洞口四周200 mm范围内的石膏砌块砌体的孔洞部分应采用黏结石膏填实,门洞口和宽度大于1500 mm的窗洞口应加设钢筋混凝土边框,边框宽度不应小于120 mm,厚度应同砌体厚度,边框混凝土强度等级不应小于C20,纵向钢筋不应小于2ϕ10,箍筋宜采用ϕ6,间距不应大于200 mm(见图3.31)。

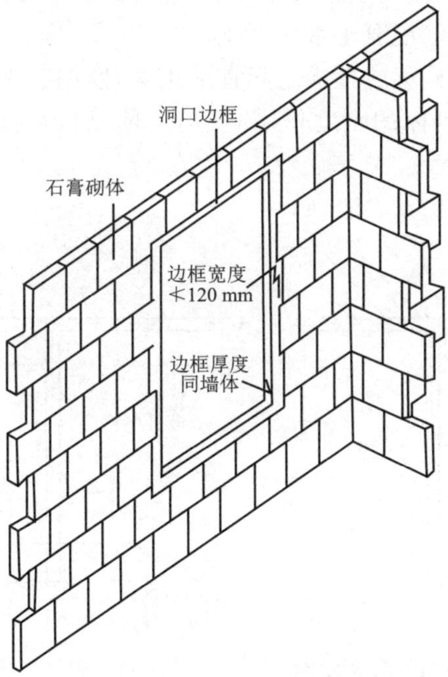

图3.31　洞口边框示意图

除宽度小于 1.0 m 可采用配筋砌体过梁外,门窗洞口顶部均应采用钢筋混凝土过梁。

石膏砌块隔墙与其他材料墙体的接缝处和阴阳角部位应采用黏结石膏粘贴耐碱玻璃纤维网布加强带。

(2)隔墙上、下端与梁、板连接

石膏砌块隔墙底部应设置高度不小于 200 mm 的 C20 现浇混凝土或预制混凝土、砖砌墙垫,墙垫厚度应为砌体厚度减 10 mm(见图 3.32)。厨房、卫生间等有防水要求的房间应采用现浇混凝土墙垫。

图 3.32 石膏砌块隔墙底部设置预制混凝土墙垫

当石膏砌块隔墙长度大于 5 m 时,隔墙顶与梁或顶板应有拉结,长度超过层高 2 倍时,应设置钢筋混凝土构造柱,隔墙高度超过 4 m 时,隔墙高度 1/2 处应设置与主体结构柱或墙连接且沿隔墙全长贯通的钢筋混凝土水平系梁。

石膏砌块隔墙与主体结构梁或顶板之间宜采用柔性连接(见图 3.33);当主体结构刚度相对较大,可忽略石膏砌块砌体的刚度作用时,与主体结构梁或顶板之间可采用刚性连接(见图 3.34)。

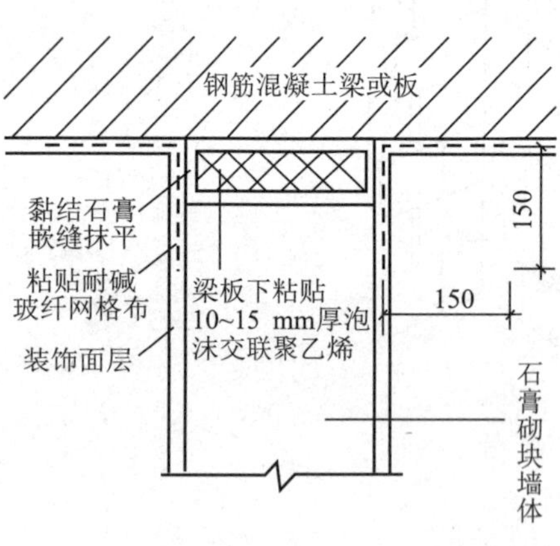

图 3.33 砌体与梁(顶板)柔性连接示意

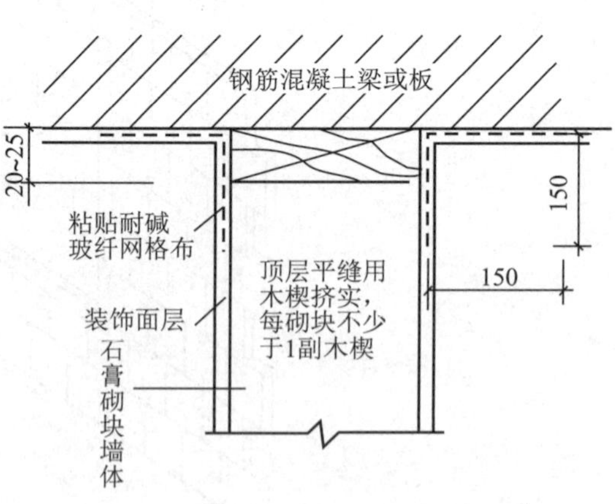

图 3.34 砌体与梁(顶板)刚性连接示意图

(3)隔墙两端与墙体的连接

主体结构柱或墙应在石膏砌块隔墙高度方向每皮水平灰缝中设 2ϕ6 末端有 90°弯钩的拉结筋,拉结筋应伸入隔墙内,当抗震设防烈度为 6 度、7 度时,伸入长度不应小于砌体长度的 1/5,且不应小于 70 mm;当抗震设防烈度为 8 度时,宜沿隔墙两侧主体结构高度每皮设置拉结筋,拉结筋与两端主体结构柱或墙应连接可靠,并沿砌体全长贯通。末端应有 90°弯钩。

石膏砌块隔墙与主体结构柱或墙之间应采用刚性连接(见图 3.35)。

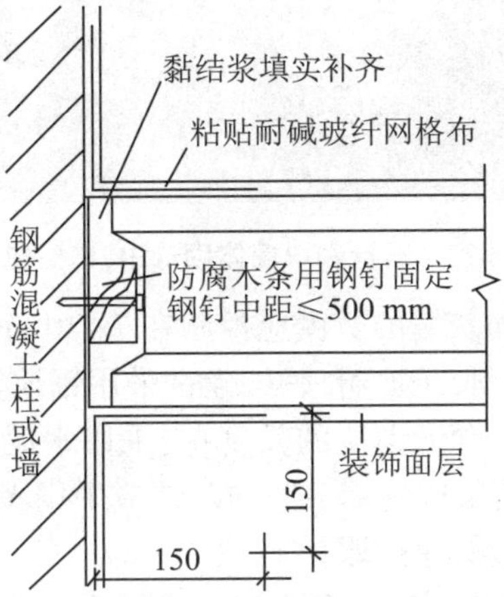

图 3.35　石膏砌块隔墙与柱或墙刚性连接示意图

2.施工要求

(1)石膏砌块砌体内不得混砌黏土砖、蒸压加气混凝土砌块、混凝土小型空心砌块等其他砌体材料。

(2)石膏砌块砌筑时应上下错缝搭接,搭接长度不应小于石膏砌块长度的 1/3,石膏砌块的长度方向应与砌体长度方向平行一致,榫槽应向下(见图 3.36、图 3.37)。砌体转角、丁字墙、十字墙连接部位应上下搭接咬砌。

图 3.36　石膏砌体墙体整体效果图

图 3.37　石膏砌块墙体砌筑中，榫槽向下

（3）水平灰缝的厚度和竖向灰缝的宽度应控制在 7~10 mm。

（4）在砌筑时，黏结浆应随铺随砌，水平灰缝宜采用铺浆法砌筑，当采用石膏基黏结浆时，一次铺浆长度不得超过一块石膏砌块的长度；当采用水泥基黏结浆时，一次铺浆长度不得超过两块石膏砌块的长度，铺浆应满铺。竖向灰缝应采用满铺端面法。

（5）石膏砌块砌体不得留设脚手架眼。

（6）石膏砌块砌体每天的砌筑高度，当采用石膏基黏结浆砌筑时不宜超过 3 m，当采用水泥基黏结浆砌筑时不宜超过 1.5 m。

（7）在石膏砌体上埋设管线，应待砌体黏结浆达到设计要求的强度等级后进行；埋设管线应使用专用开槽工具，不得人工敲凿。埋入砌体内的管线外表面距砌体面不应小于 4 mm，并应与石膏砌块砌体固定牢固，不得有松动、反弹现象。

第四节　框架填充墙施工

在钢筋混凝土框架结构中，隔墙是在混凝土框架结构施工完成后再填充砌筑的，所以一般称为填充墙。

《建筑抗震设计规范》（GB 50011—2010）对隔墙、填充墙的构造要求有如下规定：非承重墙体宜优先采用轻质墙体材料；采用砌体墙时，应采取措施减少对主体结构的不利影响，并应设置拉结筋、水平系梁、圈梁、构造柱等与主体结构可靠拉结。

填充墙一般使用普通混凝土小型空心砌块（简称普通小砌块）、蒸压加气混凝土砌块和轻骨料混凝土小型空心砌块（简称轻骨料小砌块）。

框架填充墙构造

一、填充墙的构造

1.填充墙本身构造

（1）填充墙除应满足稳定和自承重外，尚应考虑水平风荷载及地震作用。填充墙体墙厚不宜小于 120 mm；填充墙应砌筑在各楼层的楼地面上，其砌筑的砂浆强度等级不宜低于 M5

(Mb5、Ms5)。

(2)填充墙在平面和竖向的布置,宜均匀对称,宜避免形成薄弱层或短柱。

(3)填充墙应沿框架柱全高每隔 500 mm 设 2ϕ6 拉筋,拉筋伸入墙内的长度,6 度、7 度时宜沿墙全长贯通,8、9 度时应全长贯通。

(4)墙长大于 5 m 时,墙顶与梁宜有拉结;墙长超过 8 m 或层高 2 倍时,宜设置钢筋混凝土构造柱;墙高超过 4 m 时,墙体半高宜设置与柱连接且沿墙全长贯通的钢筋混凝土水平系梁。

(5)楼梯两侧的填充墙和人流通道的围护墙,尚应设置间距不大于层高的钢筋混凝土构造柱,并采用钢丝网砂浆面层加强。

2.填充墙与框架柱、梁的连接

《砌体结构设计规范》(GB 50003—2011)规定,填充墙与框架柱、梁有不脱开和脱开两种连接方式。

(1)填充墙与框架柱、梁不脱开时的构造

填充墙两侧与框架柱不脱开时的构造做法见图 3.38:

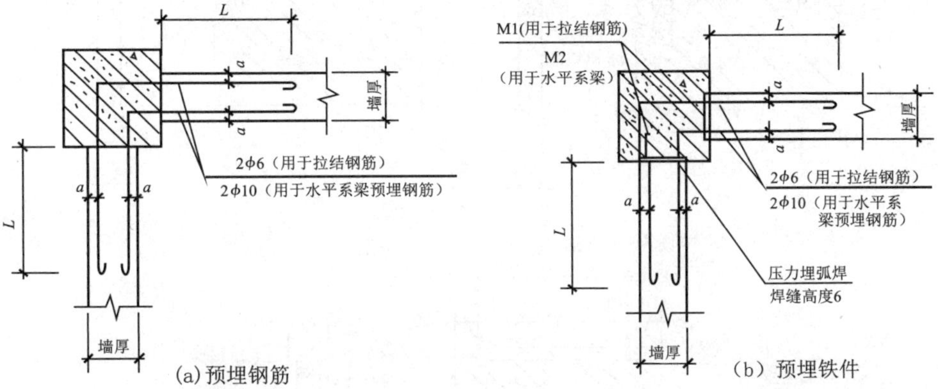

(a)预埋钢筋　　(b)预埋铁件

项目	砖类				小砌块		
墙厚/mm	120	180	190	240	90	140	190
a/mm	30	40	50	60	20	20	20
钢筋竖向间距 h/mm	500				400		

图 3.38　填充墙两侧与框架柱脱开时的构造做法

填充墙顶部与框架梁、板不脱开时的构造做法见图 3.39:

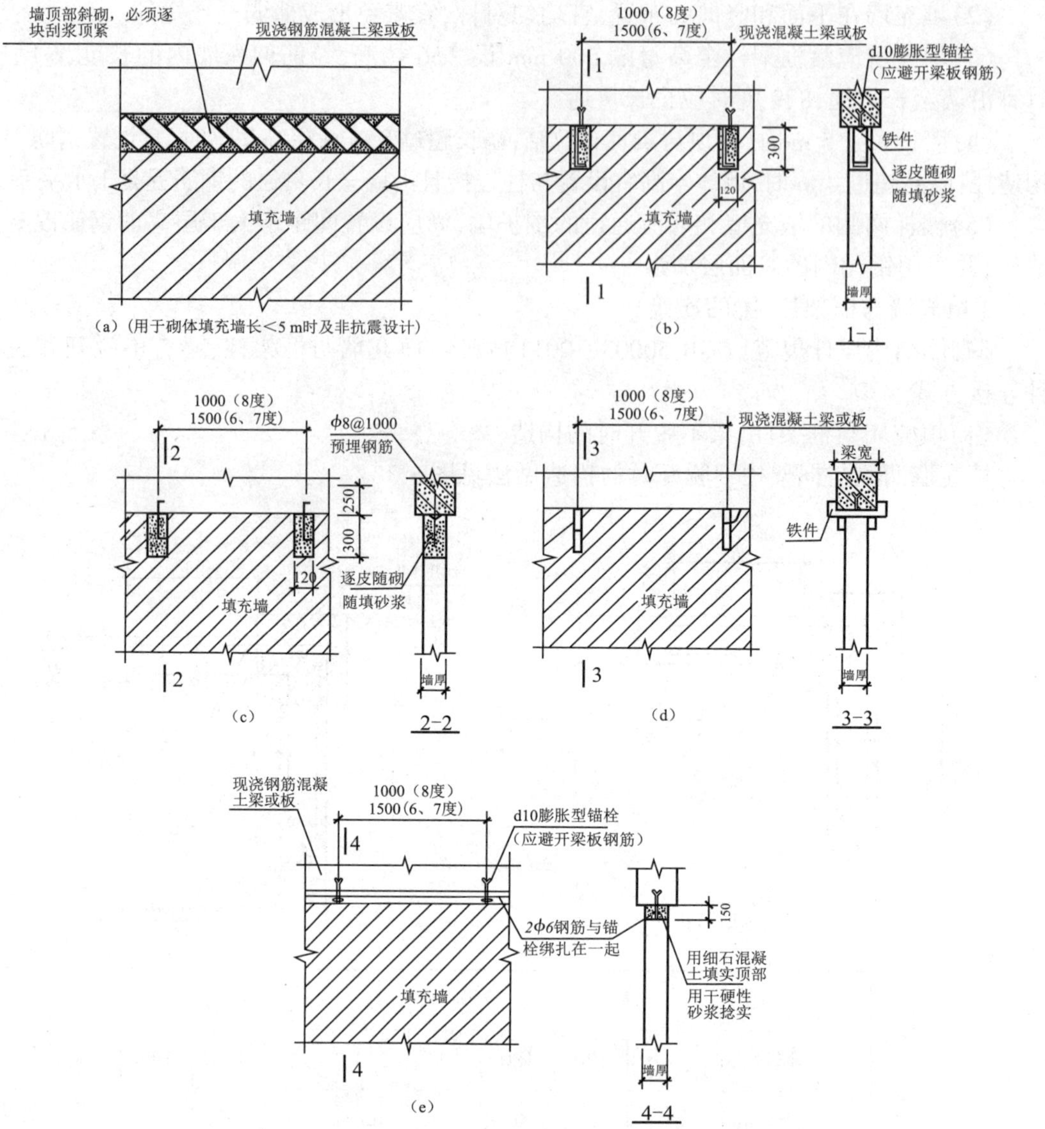

图 3.39　填充墙顶部与框架梁、板不脱开时的构造做法

其构造要求如下：

1）沿柱高每隔 500 mm 宜配置 2ϕ6 拉结钢筋（墙厚大于 240 mm 时配置 3ϕ6），钢筋伸入填充墙长度不宜小于 700 mm，且拉结钢筋应错开截断，相距不宜小于 200 mm。填充墙墙顶应与框架梁紧密结合。顶面与上部结构接触处宜用一皮砖或配砖斜砌楔紧（见图 3.40）。

图 3.40　填空墙顶部斜砌

图 3.38 中拉结钢筋伸入墙内长度 L：非抗震设计时不应小于 600 mm，抗震及设防烈度为 6 度、7 度时不应小于墙长的 1/5 且不小于 700 mm，8 度时应沿墙全长贯通。接结钢筋及预埋件锚筋应锚入墙、柱竖向受力钢筋内侧。

2）当填充墙有洞口时，宜在窗洞口的上端下端、门洞口的上端设置钢筋混凝土带（见图 3.41），钢筋混凝土带应与过梁的混凝土同时浇筑，其过梁的断面及配筋由设计确定。钢筋混凝土带的混凝土强度等级不小于 C20。当有洞口的填充墙尽端至门窗洞口边距离小于 240 mm 时，宜采用钢筋混凝土门窗框。

图 3.41　填充墙门窗洞口处效果图

3）当采用填充墙与框架柱、梁不脱开，填充墙长度超过 5 m 或墙长大于 2 倍层高时，墙顶与梁宜有拉结措施，中间应加设构造柱（见图 3.42）；墙高度超过 4 m 时宜在墙高中部设置与柱连接的通长钢筋混凝土带，墙高超过 6 m 时，宜沿墙高每 2 m 设置与柱连接的断面高度 60～120 mm 的通长钢筋混凝土带（见图 3.43）。

图 3.42　填充墙中间加设构造柱效果图

图 3.43　填充墙墙高中部设置通长钢筋混凝土带效果图

(2)填充墙与框架柱、梁脱开时的构造

填充墙与框架柱脱开连接时的缝隙构造要求做法(见图 3.34):

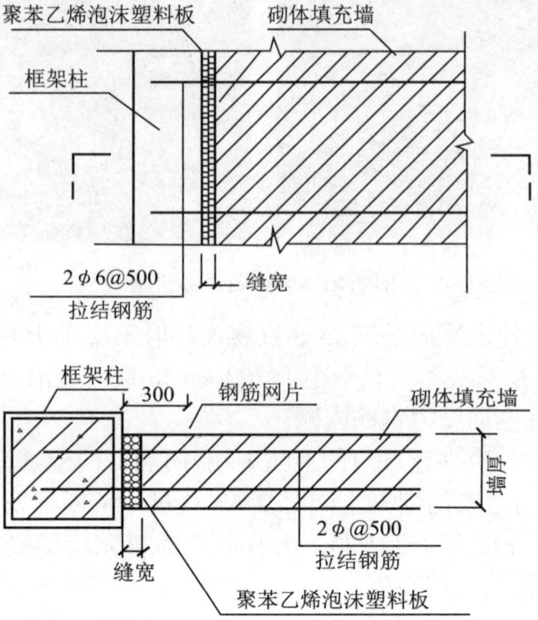

图 3.44 填充墙与框架柱脱开时的缝隙构造做法

填充墙与框架梁脱开连接时的构造要求做法(见图 3.45):

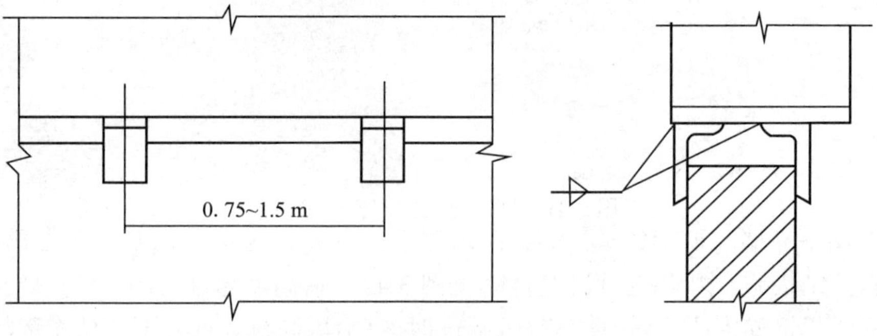

图 3.45 填充墙与框架梁脱开连接时的构造做法

其他构造要求如下:

1)填充墙两端与框架柱、填充墙顶面与框架梁宜留出 10~15 mm 的间隙。

2)在距门窗洞口每侧 500 mm 和其间距离 20 倍墙厚且不大于 5000 mm 处的墙体两侧的凹槽内设置竖向钢筋和拉结钢筋。

3)当填充墙长大于 5 m 时,应在墙体上部 1/3 范围内设置通长焊接网片,其竖向间距不宜大于 400 mm,当夹心墙已有通长焊接网片时则不需另设。

4)填充墙与框架柱、梁的缝隙可采用聚苯乙烯泡沫塑料板板条或聚氨酯发泡充填,并用硅酮胶或其他弹性密封材料封缝。

二、填充墙施工要求

1.加气混凝土砌块填充墙施工要求

框架填充墙施工要求

(1)砌筑加气混凝土砌块应用专用铺浆工具,将砂浆摊铺均匀,逐块砌筑(见图3.46)。

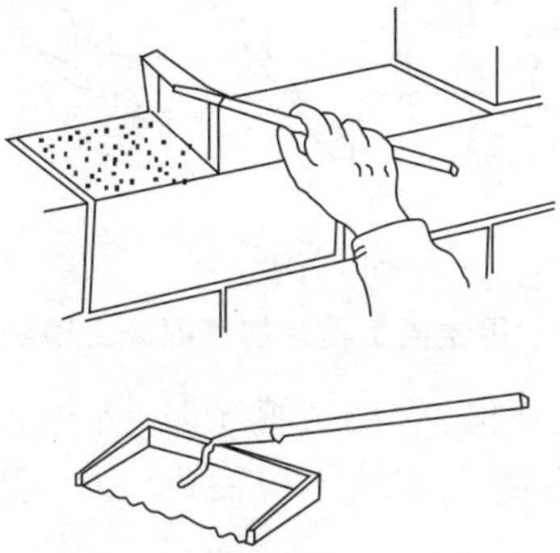

图3.46　用专用铺浆工具摊铺

(2)砌块应上下皮互相错缝,错缝长度不宜小于砌块长度的1/3,并不小于150 mm(见图3.47)。如不能满足时,在水平灰缝中应设置2ϕ6钢筋或ϕ4钢筋网片加强,加强筋长度不应小于500 mm。

(3)灰缝应横平竖直,砂浆饱满。水平灰缝厚度不得大于15 mm;垂直灰缝宽度不得大于20 mm,宜用内外临时夹板灌缝。

图3.47　砌块砌体施工中砌块上下皮错缝砌筑

(4)切锯砌块应使用刀锯(可用木工厂废带锯条改制)配以平直架进行(见图3.48)。不得用斧子或瓦刀任意砍劈。

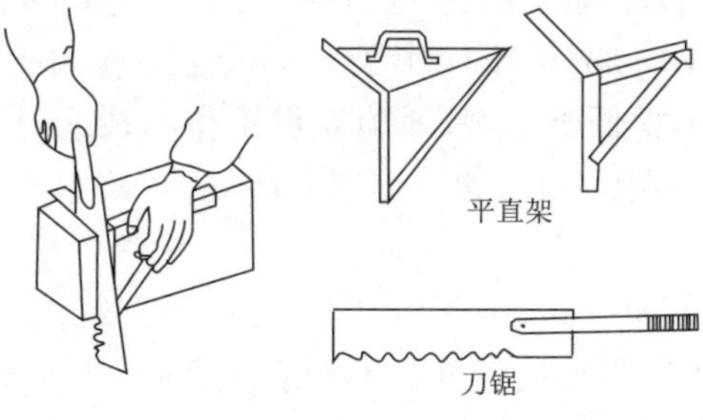

图3.48　用刀锯配以平直架切锯加气混凝土砌块

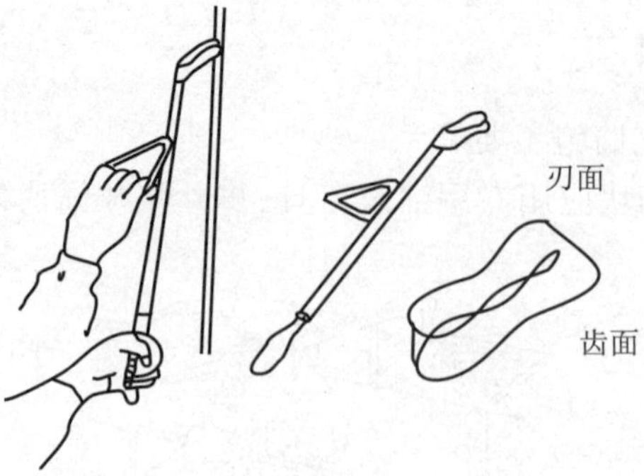

图 3.49 用镂槽工具在加气混凝土砌块上镂槽

(5)在加气混凝土砌块面上镂槽,应用镂槽工具,先用齿面后用刃面(见图 3.49)。(6)不同干密度和强度等级的加气混凝土砌块不应混砌。加气混凝土砌块也不得与其他砖、砌块混砌。

2.空心砖填充墙施工要求

(1)空心砖墙所用砂浆的强度等级不应低于 M25。空心砖墙的厚度等于空心砖的高度。

(2)空心砖应侧立砌筑,其孔洞呈水平方向,上下皮垂直灰缝相互错开不小于 1/3 砖长。空心砖墙底下宜用普通砖平砌三皮砖高,以作为墙垫(见图 3.50)。

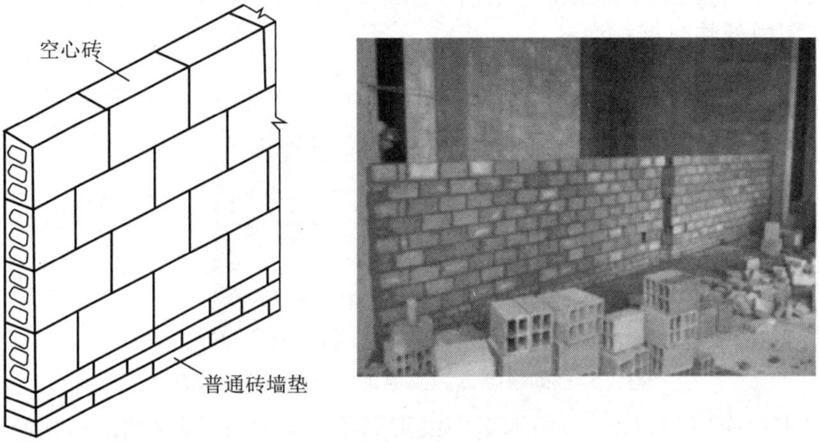

图 3.50 空心砌墙

(3)空心砖墙宜采用“满刀灰刮浆法”进行砌筑,空心砖墙的灰缝应横平竖直,水平灰缝厚度和垂直灰缝宽度宜为 10 mm,但不应小于 8 mm,也不应大于 12 mm。灰缝中砂浆应饱满。水平灰缝砂浆饱满度不得低于 80%,垂直灰缝不得出现透明缝。

(4)空心砖墙砌至近上层楼板底,如不够空心砖规格,应用普通砖或多孔砖补砌,不得打凿空心砖补砌。

(5)门窗洞口两侧一砖(240 mm)范围内,应用普通砖砌筑,每隔两皮空心砖高,在水平灰缝中放置 2 根直径 6 mm 的拉结钢筋,钢筋长不少于普通砖长与空心砖长之和(见图 3.51)。

(6)空心砖墙转角处及交接处应用普通砖实砌,实砌长度从墙中心算起不小于 370 mm。

(7)空心砖墙中不得留置脚手眼。

(8)空心砖墙每日砌筑高度不得超过 1.2 m。

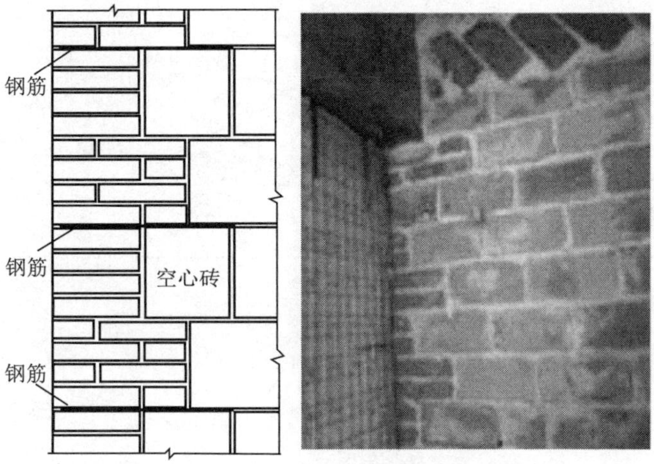

图 3.51　空心砖墙在洞口处砌法

第四章 石砌体工程施工

石砌体工程是指用砂浆砌筑各种石材形成的基础、墙、柱等砌体。石材较易就地取材,在产石地区采用砌体比较经济,应用较为广泛。

在中国的设计规范中,对石材按加工后外形的规整程度,分为毛石和料石。

毛石分为乱毛石和平毛石,乱毛石是指形状不规则的石块;平毛石是指形状不规则,但有两个平面大致平行的石块。

料石按其加工面的平整程度分为细料石、粗料石和毛料石三种。

本章主要讲述毛石基础砌体施工、毛石挡工墙墙身砌筑和料石施工。

第一节 毛石基础砌体施工

毛石基础砌体施工工艺流程如图 4.1 所示。

一、基础放线

基础砌筑前,应先检查基槽(或基坑)的尺寸和标高,清除杂物。接着进行基础放线,放出基础轴线及边线,立好基础皮数杆,皮数杆上标明退台及分层砌石高度。皮数杆之间要拉上准线。砌阶梯形基础时,还应定出立线和卧线。立线控制基础每阶的宽度,卧线控制每层高度及平整情况,并逐层向上移动(见图 4.2)。

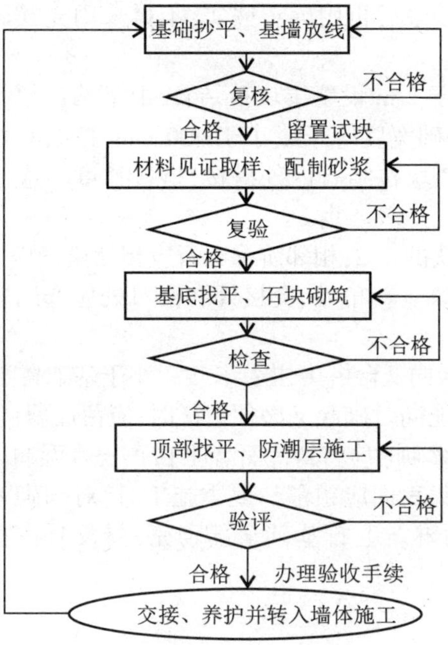

图 4.1　毛石基础砌体施工工艺流程

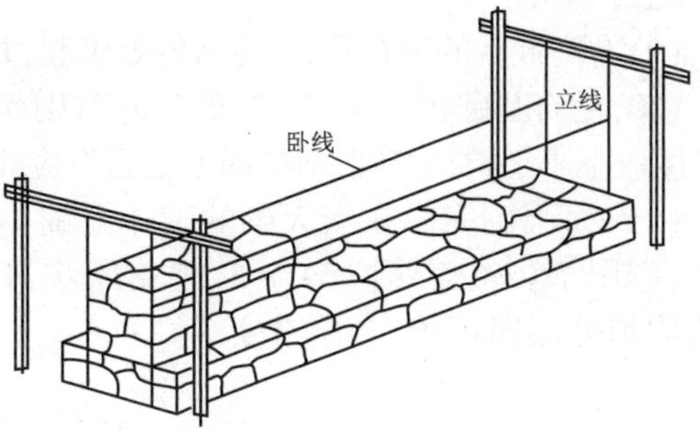

图 4.2　立线与卧线

二、毛石基础砌筑

毛石基础依其截面形式有矩形、阶梯形、梯形等之分(见图 4.3)。阶梯形毛石基础每一台阶至少砌两皮毛石。梯形毛石基础每砌一皮毛石收进一次。

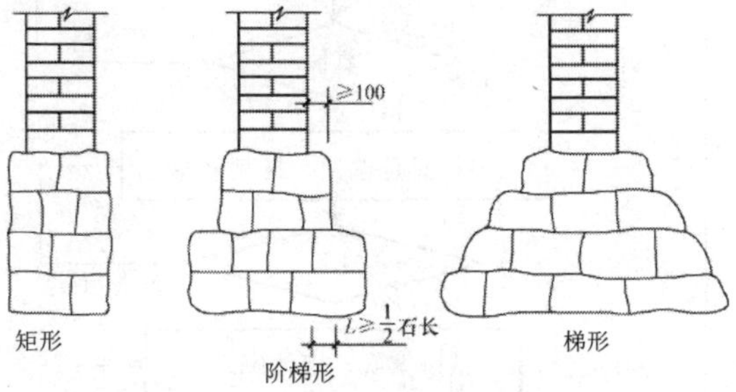

图 4.3　毛石基础截面形式

(1)根据设置的龙门板或中心桩放出基础轴线及边线,并抄平,在两端立好皮数杆,画出分层砌石高度,标出台阶收分尺寸。

(2)毛石砌体的灰缝厚度宜为 20~30 mm,砂浆应饱满,石块间较大的空隙应先填塞砂浆后再用碎石块嵌实,不得采用先摆碎石后再塞砂浆或干填碎石块的方法。

(3)砌筑毛石基础应双面拉准线。第一皮按所放的基础边线砌筑,以上各皮按准线砌筑。

(4)砌第一皮毛石时,应选用有较大平面的石块,先在基坑底铺设砂浆,再将毛石砌上,并使毛石的大面向下。

(5)砌第一皮毛石时,应分皮卧砌,并应上下错缝,内外搭砌,不得采用先砌外面石块后中间填心的砌筑方法,石块间较大的空隙应先填塞砂浆后再用碎石嵌实,不得采用先摆碎石后塞砂浆或干填碎石的方法。

(6)毛石基础每0.7 m^2且每皮毛石内间距不大于2 m设置1块拉结石,上下两皮拉结石的位置应错开,立面砌成梅花形。拉结石宽度:如基础宽度等于或小于400 mm,拉结石宽度应与基础宽度相等;如基础宽度大于400 mm,可用2块拉结石内外搭接,搭接长度不应小于150 mm,且其中1块长度不应小于基础宽度的2/3。

(7)阶梯形毛石基础,上阶石块应至少压下阶石块的1/2;相邻阶梯毛石应相互错缝搭接。

(8)毛石基础最上一皮宜选用较大的平毛石砌筑。转角处、交接处和洞口处应选用较大的平毛石砌筑。

(9)有高低台的毛石基础,应从低处砌起,并由高台向低台搭接,搭接长度不小于基础高度。

(10)毛石基础转角处和交接处应同时砌起,如不能同时砌起又必须留槎时,应留成斜槎,斜槎长度应不小于斜槎高度,斜槎面上毛石不应找平,继续砌时应将斜槎面清理干净,浇水湿润。

(11)每天砌完应在当天砌的砌体上铺1层灰浆,表面应粗糙。夏季施工时,对刚砌完的砌体,应用草袋覆盖养护5~7 d,避免风吹、日晒、雨淋。毛石基础全部砌完,要及时在基础两边均匀分层回填土,分层夯实。

第二节　毛石挡土墙砌体施工

毛石挡土墙砌体施工工艺流程如图4.4所示。

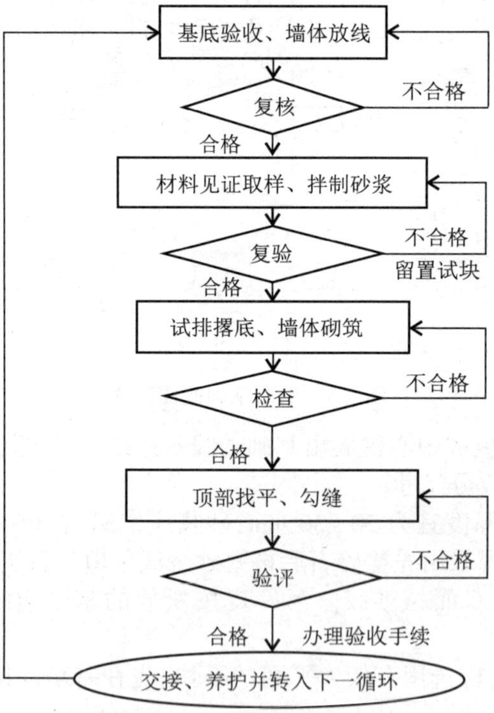

图4.4　毛石挡土墙砌体施工工艺流程

一、毛石挡土墙墙身砌筑

(1)毛石的中部厚度不宜小于 200 mm。

(2)每砌 3~4 皮毛石为 1 个分层高度,每个分层高度应找平 1 次。

(3)外露面的灰缝厚度不得大于 40 mm,两个分层高度间的错缝不得小于 80 mm(见图 4.5)。

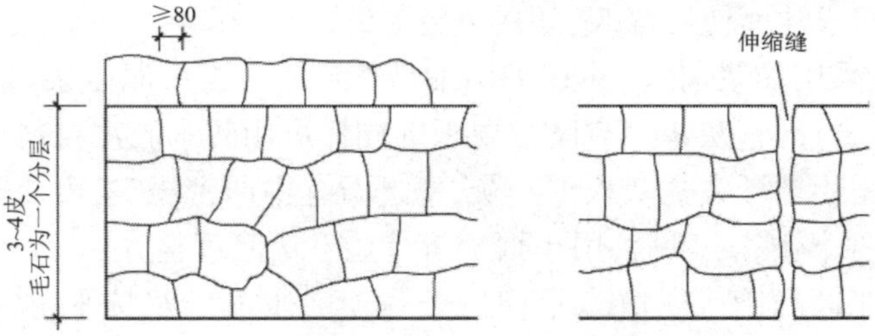

图 4.5　毛石挡土墙立面

二、毛石挡土墙泄水孔施工

(1)砌筑毛石挡土墙应按设计要求收坡或收台,设置伸缩缝和泄水孔。

(2)泄水孔应均匀设置,在挡土墙每米高度上水平间隔 2 m 左右设置 1 个泄水孔。泄水孔可采用预埋钢管或硬塑料管方法留置。泄水孔周围的杂物应清理干净,并在泄水孔与土体间铺设长宽各为 300 mm、厚 200 mm 的卵石或碎石作为疏水层。

(3)挡土墙内侧回填土必须分层填实,分层填土厚度应为 300 mm,墙顶土面应有适当坡度使水流向挡土墙外侧面。

三、毛石挡土墙墙面勾缝

1.墙面勾缝形式

墙面勾缝形式有平缝、凹缝、凸缝。凹缝又分为平凹缝、半圆凹缝,凸缝又分为平凸缝、半圆凸缝、三角凸缝(见图 4.6)。一般料石墙面多采用平缝或平凹缝。

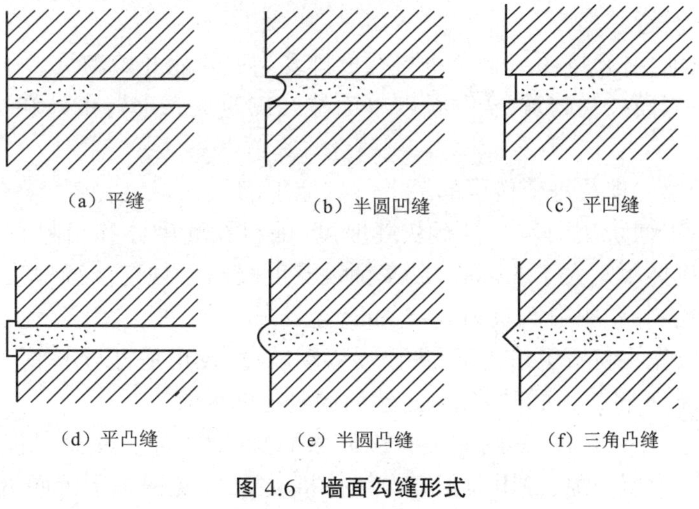

(a) 平缝　(b) 半圆凹缝　(c) 平凹缝

(d) 平凸缝　(e) 半圆凸缝　(f) 三角凸缝

图 4.6　墙面勾缝形式

2.墙面勾缝施工

(1)墙面勾缝前准备工作:

1)拆除墙面或柱面上临时装设的电缆、挂钩等物。

2)清除墙面或柱面上黏结的砂浆、泥浆、杂物和污渍等。

3)剔缝,即将灰缝刮深 20~30 mm,不整齐处加以修整。

4)用水喷洒墙面或柱面使其湿润,随后进行勾缝。

(2)墙面勾缝应采用加浆勾缝,并宜采用细砂拌制 1:1.5 水泥砂浆,也可采用水泥石灰砂浆或掺入麻刀(纸筋)的青灰浆。有防渗要求的同样可用防水胶泥材料进行勾缝。

(3)勾平缝时,用小抿子在托灰板上刮灰,塞进石缝中严密压实,表面压光。勾缝应顺石缝进行,缝与石面齐平,勾完一段后,用小抿子将缝边毛槎修理整齐。

(4)勾平凸缝(半圆凸缝或三角凸缝)时,先用 1:2 水泥砂浆抹平,待砂浆凝固后,再抹一层砂浆,用小抿子压实、压光,稍停等砂浆收水后,用专用工具捋成 10~25 mm 宽窄一致的凸缝。

(5)墙面勾缝应从上向下,从一端向另一端依次进行。

(6)墙面勾缝缝路顺石缝进行,且均匀一致,深浅、厚度相同,搭接平整通顺。阳角勾缝两角方正,阴角勾缝不能上下直通。严禁有丢缝、开裂或黏结不牢等现象。

(7)勾缝完毕,清扫墙面或柱面,表面洒水养护,防止干裂和脱落。

第三节　料石施工

一、料石墙施工

(1)料石砌筑前,应在基础顶面上放出墙身中线和边线及门窗洞口位置线,并抄平,立皮数杆,拉准线。

(2)料石砌筑前,必须按照组砌图将料石试排妥当后才能开始砌筑。

(3)料石墙应双面拉线砌筑,全顺叠砌单面挂线砌筑。先砌转角处和交接处,后砌中间部分。

(4)料石墙的第一皮及每个楼层的最上一皮应丁砌。

(5)料石墙采用铺浆法砌筑。料石灰缝厚度:毛料石墙砌体和粗料石墙砌体不宜大于 20 mm,细料石墙砌体不宜大于 5 mm。砂浆铺设厚度略高于规定灰缝厚度,其高出厚度:细料石为 3~5 mm,毛料石、粗料石宜为 6~8 mm。

(6)砌筑时,应先将料石里口落下,再慢慢移动就位,校正垂直与水平。在料石砌块校正到正确位置后,顺石面将挤出的砂浆清除,然后向竖缝中灌浆。

(7)用整块料石作窗台板,其两端至少应伸入墙身 100 mm。在窗台板与其下部墙体之间(支座部分除外)应留空隙,并用沥青麻刀等材料嵌塞,以免两端下沉而折断石块。

(8)料石的转角处和交接处应同时砌筑,如不能同时砌筑则应留置斜槎。

(9)料石墙每天砌筑高度不应超过 1.2 m,料石墙中不得留设脚手眼。

(10)同一砌体面或同一砌体,应用色泽一致、加工粗细相同的料石砌筑。在料石砌筑中,必须保持砌体表面的清洁。

(11)当设计允许采用垫片砌筑料石墙时,应按以下步骤进行:

1)先将料石放在砌筑位置上,根据料石的平整情况和灰缝厚度的要求,在四角先用 4 块垫片(主垫)将料石垫平。

2)移去垫平的料石,铺上砂浆,砂浆厚度应比垫片高出 3~5 mm。

3)重新将移去的料石砌上,用锤轻轻敲击料石,使其平稳、牢固,随后将灰缝里挤出的灰浆清理干净。

4)沿料石的长度和宽度,每隔 150 mm 左右补加 1 块垫片(副垫)。垫片应伸进料石边 10~15 mm,避免因露垫片而影响最后的墙面勾缝。

二、料石柱施工

料石柱有整石柱和组砌柱两种,见图 4.7。

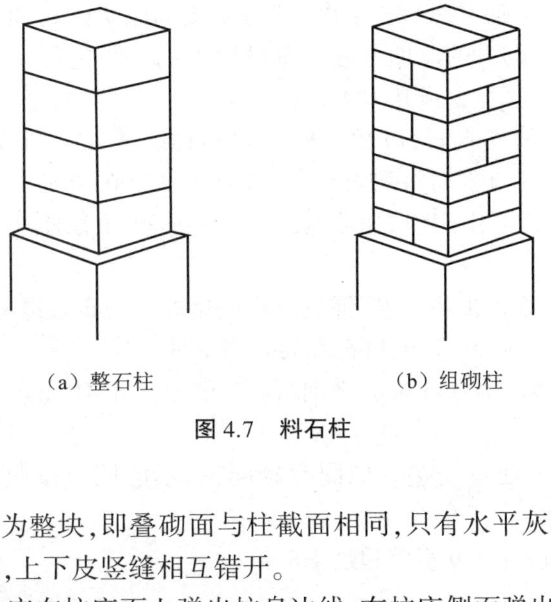

(a) 整石柱　　(b) 组砌柱

图 4.7　料石柱

整石柱每一皮料石为整块,即叠砌面与柱截面相同,只有水平灰缝,无竖向灰缝。组砌柱每皮由几块料石组砌,上下皮竖缝相互错开。

(1)料石柱砌筑前,应在柱座面上弹出柱身边线,在柱座侧面弹出柱身中心线。

(2)整石柱所用石块四侧应弹出石块中心线。

(3)砌整石柱时,应将石块的叠砌面清理干净。先在柱座面上铺一层水泥砂浆,厚约 10 mm,再将石块对准中心线砌上,以后各皮石块砌筑应先铺好砂浆,对准中心线将石块砌上。石块如有竖向偏斜,可用铜片或铝片在灰缝边缘内垫平。

(4)组砌砌柱时,应按规定的组砌形式逐皮砌筑,上下皮竖缝相互错开,无通天缝,不得使用垫片。

(5)灰缝要横平竖直。半细料石不宜大于 10 mm,细料石不宜大于 5 mm。砂浆铺设厚度略高于规定灰缝厚度,其高出厚度:细料石、半细料石为 3~5 mm。

(6)砌筑料石柱应随时用线坠检查整个柱身的垂直,如有偏斜应拆除重砌,不得用敲击方法纠正。

(7)料石柱每天砌筑高度不宜超过 1.2 m。砌筑完后应立即加以维护,严禁碰撞。

三、料石基础施工

1.基础放线

基础砌筑前,应先检查基槽(或基坑)的尺寸和标高,清除杂物。接着进行基础放线,放出基础轴线及边线,立好基础皮数杆,皮数杆上标明退台及分层砌石高度。皮数杆之间要拉上准线。砌阶梯形基础,还应定出立线和卧线。立线控制基础每阶的宽度,卧线控制每层高度及平整情况,并逐层向上移动。

2.料石基础砌筑

(1)料石基础有以下三种砌法。

1)丁顺叠砌　丁顺叠砌又称架井式叠砌,即每上下两皮料石,以一皮丁砌一皮顺砌,先丁后顺,两皮互成 90°叠砌,上下皮竖缝错开 1/4 石长。

2)丁顺组砌　丁顺组砌又称双轨组砌,即每一皮都以丁砌石和顺砌石连续组砌。丁砌石长度即为基础厚度,顺砌石的厚度一般为基础厚度的 1/3 左右。上皮丁砌石应砌在下皮顺砌石的中部,上下皮竖缝至少错开 1/4 石长。

3)斜叠砌　每上下两皮料石,以相反的方向同轴线成 45°,即第一皮向一个方向斜砌 45°,第二皮向另一个(相反)方向斜砌 45°,上下两皮互成 90°叠砌。

(2)料石基础第一皮应用丁砌层座浆砌筑。阶梯形料石基础,上级阶梯的料石应至少压砌下级阶梯的 1/3。

(3)砌筑时,料石要放置平稳,砂浆铺设厚度应略高于规定灰缝厚度。其高出厚度:细料石、半细料石宜为 35 mm,粗料石、毛料石宜为 6~8 mm。

(4)细料石灰缝厚度不大于 5 mm,半细料石灰缝不大于 10 mm,粗料石和毛料石灰缝不大于 20 mm。

(5)料石基础的转角处及交接处应同时砌起,如不能同时砌起又必须留槎时,应留成斜槎。

(6)料石基础每天砌筑高度不应超过 1.8 m。

四、料石过梁施工

料石过梁有平过梁、平拱、半圆拱等。

1.平过梁

料石平过梁厚度为 200~450 mm,净跨度不宜大于 1.2 m。过梁两端各伸入墙内长度不应小于 250 mm,过梁宽度与墙厚度相等,也可用双拼料石。过梁上续砌墙时,其正中石块不应小于过梁跨度的 1/3,其两旁应砌不小于 2/3 过梁净跨度的料石(见图 4.8)。

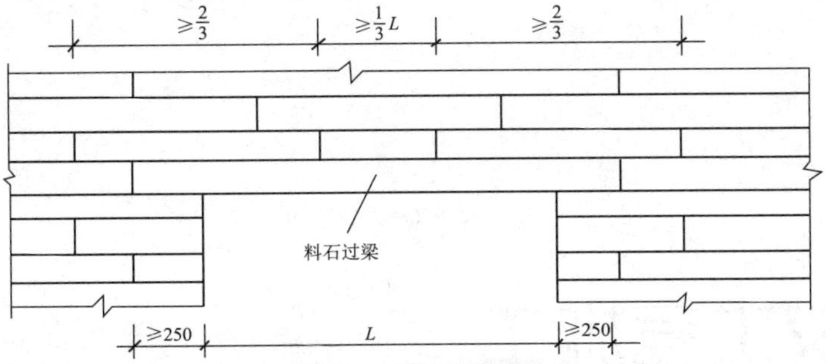

图 4.8　料石平过梁

2.平拱

料石平拱所用石块应按设计要求加工,如设计无规定,则应加工成楔形(上宽下窄),斜度应预先设计。拱两端的石块在拱脚处坡度以 60°为宜。平拱的石块数应为单数。拱的厚度与墙体厚度相等,拱的高度为两皮料石高。拱脚处斜面应修整加工,使之与拱石相吻合。

砌筑料石平拱时,应先支设模板,拱石应两边对称地向中间砌,正中一块锁石要挤紧(见图 4.9)。

所用砂浆强度等级不应低于 M10,灰缝厚度宜为 5 mm(见图 4.9)。砂浆强度大于设计强度 70%时才能拆模。

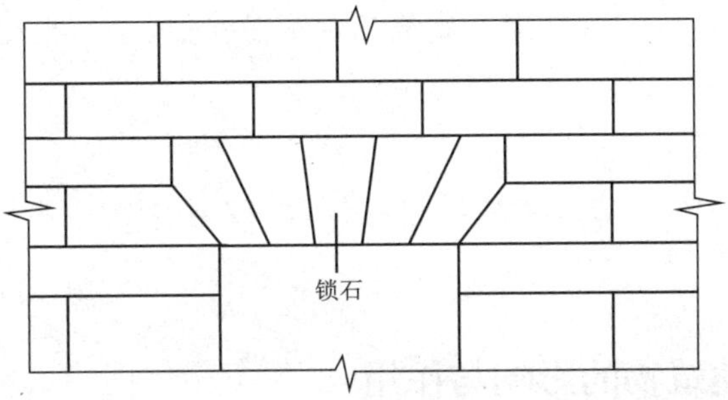

图 4.9　料石平拱

3.半圆拱

料石半圆拱所用石块应进行细加工,使其接触面吻合严密,石块的形状及尺寸应符合设计要求。砌筑料石半圆拱时,应先支设模板,拱石应由拱脚对称地向中间砌筑,正中一块拱冠石要对中挤紧(见图 4.10)。砂浆强度等级不应低于 M10,灰缝厚度宜为 5 mm。砂浆强度大于设计强度的 70%时才能拆模。

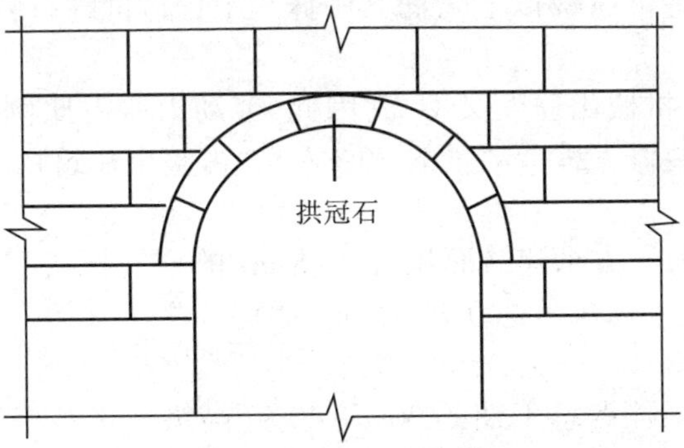

图 4.10　料石半圆拱

第五章 抹灰工程施工

抹灰工程是用灰浆涂抹在房屋建筑的墙、地、顶棚表面上的一种传统做法的装饰工程。我国有些地区把它习惯地叫作“粉饰”或“粉刷”。

国民生活水平的提高，建筑业的发展，促进了新材料、新技术、新工艺和新设备不断出现，中、高级装饰建筑日益增多，使抹灰工程逐渐走向专业化。

第一节　抹灰工程概述

一、抹灰工程对建筑物的影响与作用

抹灰工程
概述

无论是民用建筑，还是工业建筑，在建筑施工过程中，常将其分为基础施工（指首层地面以下结构）、主体结构施工（首层地面以上的墙、柱、楼板、屋顶等）和装饰装修三个阶段。而抹灰工程是装饰装修阶段中工程量最大，也是最重要的部分。主要表现在以下几方面：

（1）造价

装饰装修工程从所占整个建筑物的总造价比例来分析，一般民用建筑占30%左右（有些高级装饰装修工程占总造价50%以上），而其中抹灰工程造价约占装饰工程造价的一半。

（2）劳动力

由于抹灰工程量大，机械化程度又不高，因此，劳动力所占比例较大。一般民用建筑中抹灰工程劳动量占装饰装修工程劳动量的50%左右，占整个建筑物施工总劳动量的25%。

（3）工程量

一般民用建筑平均每平方米建筑面积有3～5 m^2 的室内抹灰和0.15～0.75 m^2的室外抹灰（高级装饰装修工程室外抹灰可达0.75～1.30 m^2）。

（4）施工工期

一般民用建筑抹灰工程占总工期的30%～40%（高级装饰装修工程约占总工期50%以上）。

综上所述,抹灰工程在建筑施工中的影响很大。因此,要求抹灰工在保证质量的前提下改进操作工艺和提高效率,在讲究艺术效果的同时降低成本。

二、抹灰工程的作用

抹灰工程分内抹灰和外抹灰。通常把位于室内各部位的抹灰叫内抹灰,如楼地面、顶棚、墙裙、踢脚线、内楼梯等;把位于室外各部位的抹灰叫外抹灰,如外墙、阳台、屋面等。

(1)内抹灰

内抹灰主要作用是保护墙体和改善室内卫生条件,增强光线反射,美化环境;在易受潮湿或酸碱腐蚀的房间里,主要起保护墙身、顶棚和楼地面的作用。

(2)外抹灰

外抹灰主要是保护墙身不受风、雨、雪的侵蚀,提高墙面防潮、防风化、隔热的能力,提高墙身的耐久性,也是对各种建筑表面进行艺术处理的措施之一。

三、抹灰工程分类

根据建筑物所使用的材料和装饰效果不同,抹灰工程分为一般抹灰、砂浆装饰抹灰和石碴装饰抹灰 3 种。

1.一般抹灰

一般抹灰所使用的材料为石灰砂浆、混合砂浆、聚合物水泥砂浆以及麻刀灰、纸筋灰、石膏灰等。一般抹灰按部位分为墙面抹灰、顶棚抹灰和地面抹灰等。

按房屋标准、操作的工序和质量要求,一般抹灰可分为普通抹灰和高级抹灰。

(1)普通抹灰

它适用于一般居住、公共和工业房屋(如居民住宅、教学楼、办公楼)以及高级建筑物中的附属用房。

其一般做法要求:一层底层、一层中层和一层面层(或一层底层和一层面层)。要求设置标筋,分层抹平,表面洁净,线角顺直,接槎平整。

(2)高级抹灰

它适用于大型公共建筑物、纪念性建筑物(如展览馆、影剧院、高级公寓和高级办公楼)以及有特殊要求的高级建筑等。

其一般做法:一层底层、数层中层和一层面层。在抹灰时要求找方,设置标筋,分层抹平,表面光滑洁净,颜色均匀一致。

2.砂浆装饰抹灰

砂浆装饰抹灰根据使用材料、施工方法和装饰效果不同,分为拉毛灰、甩毛灰、搓毛灰、扫毛灰、拉条抹灰、装饰线条抹灰、假面砖、人造大理石以及外墙喷涂、滚涂、弹涂和机喷石屑等装饰抹灰。

3.石碴装饰抹灰

石碴装饰抹灰根据使用材料、施工方法、装饰效果不同,分为刷石、假石、磨石、干粘石和机喷石粒、干粘瓷粒及玻璃球等装饰抹灰。

本章将重点介绍一般抹灰的施工工艺及技术标准。

一般抹灰基本规定:

(1)内墙抹石灰砂浆工程必须符合设计要求。

(2)材料使用必须符合国家现行标准的规定,严禁使用国家明令淘汰的材料。

(3)各工序应按施工技术标准进行质量控制,每道工序完成后应进行"工序交接"检验。

(4)相关各专业之间,应进行交接检验,并形成记录,未经监理工程师或建设单位技术负责人检查认可,不得进行下道工序施工。

(5)施工过程质量管理应有相应的施工技术标准和质量管理体系,加强过程质量控制管理。

(6)施工单位应遵守有关环境保护的法律法规,并应采取有效措施控制施工现场的各种粉尘、废弃物、噪声、振动等对周围环境造成的污染和危害。

四、施工准备

1.技术准备

抹灰工程作业条件

(1)抹灰工程的施工图、设计说明及其他设计文件已完成。

(2)材料的产品合格证书、性能检测报告、进场验收记录和复验报告已完成。

(3)施工技术交底(作业指导书)已完成。

2.材料准备

(1)水泥

水泥(见图5.1)宜采用普通硅酸盐水泥,使用同一品种、同一强度等级、同一厂家生产的产品。

水泥进场需对其产品名称、生产许可证编号、出厂编号、执行标准、日期等进行检查,同时验收合格证,对强度等级和凝结时间、安定性进行复检。

图5.1 水泥

(2)砂

砂(见图5.2)宜采用平均粒径0.35~0.5 mm的中砂,在使用前应根据使用要求过筛,筛好后保持洁净。

图5.2 砂

(3)石灰膏

1)石灰膏(见图5.3)与水调和后具有凝固时间快、在空气中硬化、硬化时体积不收缩的特性。

2)用块状生石灰淋制时,用筛网过滤,储存在沉淀池中,使其充分熟化。熟化时间常温一般不少于15 d,用于罩面灰时不少于30 d。使用时石灰膏内不得含有未熟化的颗粒和其他杂质,未熟化颗粒日后可使墙面爆裂产生裂纹。在沉淀池中的石灰膏要加以保护,防止其干燥、冻结和污染。

图5.3　石灰膏

五、主要机具

抹灰用机具包括手工工具和机械设备,施工前应根据工程特点做好准备。

1.常用手工工具

(1)抹子

抹灰用各种抹子。

1)方头铁抹子　用于抹灰。

2)圆头铁抹子　用于压光罩面灰。

3)木抹子　用于搓平底灰和搓毛砂浆表面。

4)阴角抹子　用于压光阴角。

5)圆弧阴角抹子　用于有圆弧阴角部位的抹灰面压光。

6)阳角抹子　用于压光阳角。

(2)木制工具

抹灰用各种木制工具。

1)托灰板　用于操作时承托砂浆。

2)木杠　分长、中、短三种。长杠(长250~350 cm),用于冲筋;中杠(长200~250 cm)和短杠(长150 cm左右)用于各平抹层。木杠的断面一般为矩形。

3)八字靠尺　用于做棱角的标尺,其长度按需要截取。

4)钢筋卡子　用于卡紧八字靠尺或靠尺板,常用$\phi6$~$\phi8$的钢筋制成,尺寸视需要而定。

5)靠尺板　一般用于抹灰线,长约300~350 cm,断面为矩形,要求双面刨光。靠尺板分厚薄两种,薄板多用于做棱角。

6)分格条　用于分格缝和滴水槽,断面呈梯形,断面尺寸及长度视需要而定。

7)托线板和线锤　主要用于测量立面和阴阳角的垂直度,常用规格为1.5 cm×12 cm×200 cm,板中间有一条标准线。

(3)刷子等其他工具

1)长毛刷　用于室内外抹灰洒水。

2)猪鬃刷　用于刷洗水刷石、拉毛灰。

3)鸡腿刷　用于长毛刷刷不到的地方,如阴角部位等。

4)钢丝刷　用于清刷基层。

5)茅草帚　用于木抹子抹平时洒水。

6)小水桶　常用油漆桶去盖代用或以铁皮制作,主要用于施工时盛水。

7)喷壶　洒水用。

8)水壶　浇水用。

9)粉线包　用于弹水平线和分格线等。

10)墨斗　用于弹线。

2.常用机械设备(见图5.4)

(1)砂浆搅拌机

搅拌砂浆用,常用规格有200 L和325 L两种。

(2)纸筋灰搅拌机

用于搅拌纸筋石灰膏、玻璃丝石灰膏或其他纤维石灰膏。

(3)粉碎淋灰机

用于淋制抹灰砂浆用的石灰膏。

(4)喷浆机

用于喷水或喷浆,有手压和电动两种。

(a)砂浆搅拌机

(b)干混砂浆储料罐

(c)不抛洒灰斗车

(d)喷浆机

(e)铁抹子

(f)铁锤

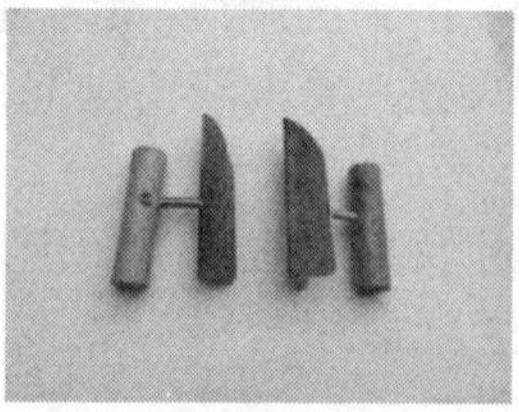

(g)阴阳角抹子

(h)塑料抹子

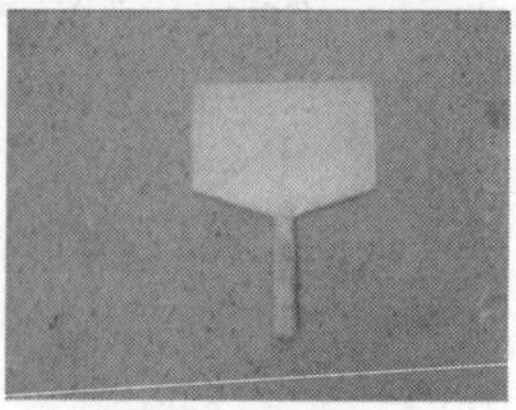

(i)托灰板

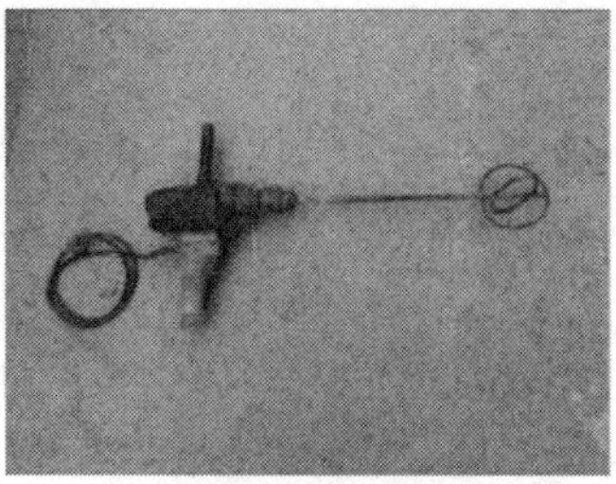

(j) 电动搅拌机

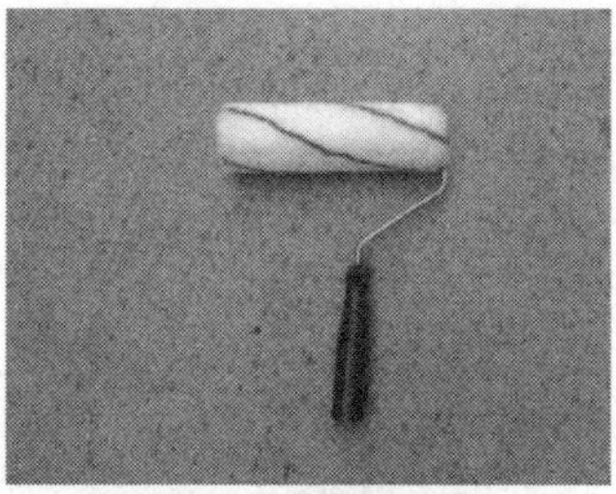

(k) 毛滚筒

(l) 喷雾器

(m) 切割机

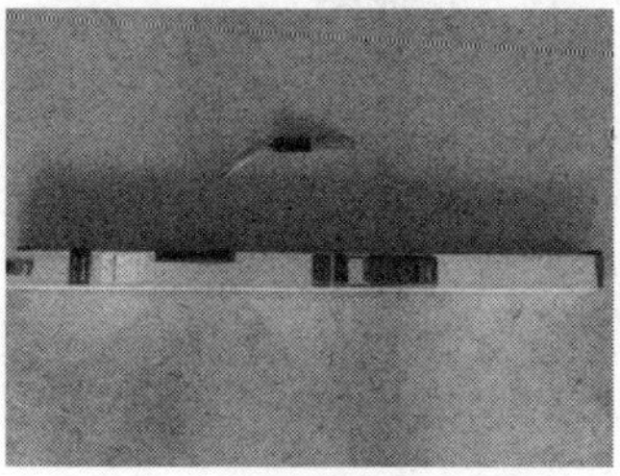

(n) 靠尺、塞尺

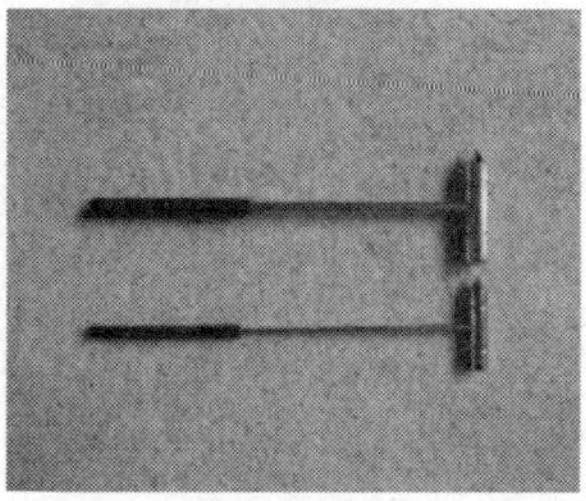

(o) 空鼓锤

图 5.4 常用机械设备

六、作业条件

1.主体结构须经过有关单位(建设单位、设计单位、监理单位、施工单位)检验合格。

2.抹灰前应检查门窗框安装位置是否正确,需埋设的接线盒、电箱、管线、管道套管是否固定牢固,连接处缝隙用 1∶3 水泥砂浆或 1∶1∶6 水泥混合砂浆分层嵌塞密实。若缝隙较大,应掺少量麻刀嵌塞,或用豆石混凝土将其填塞密实,并用塑料贴膜或铁皮将门窗框加以保护。

3.将混凝土蜂窝、麻面、露筋、疏松部分剔到实处,并刷胶黏性素水泥浆或界面剂,然后用 1 ∶ 3 水泥砂浆分层抹平。脚手架眼和废弃的孔洞应堵严,外露钢筋头、铅丝头及木头等要剔除,窗台砖补齐,墙与楼板、梁底等交接处应用斜砖砌严补齐。

4.将混凝土构件、门窗过梁、圈梁、构造柱等表面凸出部分凿平。对有蜂窝、麻面、露筋、疏松部分的混凝土凿到实处,把外露的钢筋头、铁丝剔除清掉;脚手架眼、窗台砖、内隔墙与楼面底处应堵实和补砌整齐。

5.抹灰总厚度大于或等于 35 mm 时及不同材料基体交接处,采取加强网(耐碱玻璃纤维网格布、钢丝网等,如图 5.5、图 5.6)防止开裂,加强网与各基体的搭接宽度不应小于 100 mm(如图 5.7)。

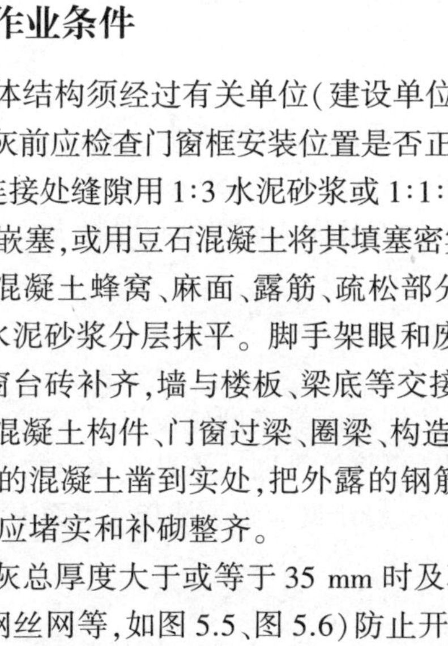

图 5.5 耐碱玻璃纤维网格布图

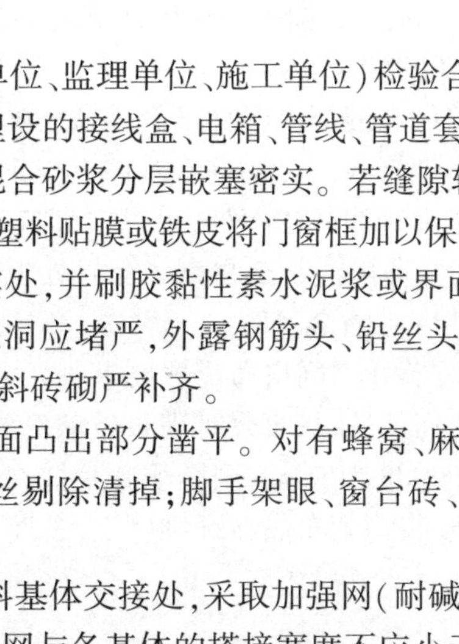

图 5.6 钢丝网及粘钉

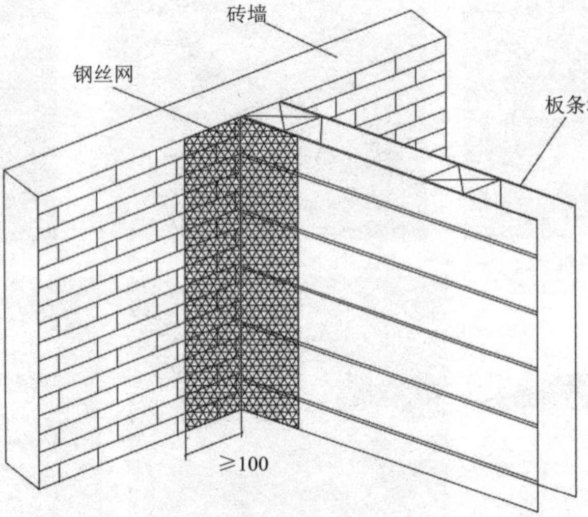

图 5.7 不同材料基体交接处加强网粘贴示意图

钢丝网应固定牢固,挂网前墙体高低差部分采用水泥砂浆填补。

镀锌钢丝网实测规格为不大于 12 mm×12 mm,钢丝丝径为 1 mm,实测钢丝直径为不小于 1 mm,且钢钉固定间距不大于 250 mm。

钢丝网设置要求:

(1)墙体和混凝土梁柱结合部位:300 mm 宽钢丝网,每边宽度不小于 150 mm。

(2)暗埋管线的孔槽处在基体上挂钢丝网,每边宽度不小于 150 mm。

(3)竖向管线较集中处,可以在砌筑时留槎,以后安装完成后用细石混凝土填塞密实,满铺钢丝网,并伸出混凝土与砌体交界处 150 mm。

(4)外墙满铺钢丝网。

耐碱玻璃纤维网格布设置要求:

第二遍面层抹灰收浆时满布玻璃纤维网收光。挂耐碱纤维网应按以下工艺:先将宽度为300 mm、厚度为 5 mm 聚合物砂浆抹在找平层上,再将纤维网展平贴在聚合物砂浆上,并使聚合物砂浆均匀布满在纤维网上,总厚度 3~5 mm,纤维网应置于抹灰层表面下 3~5 mm。

第二节 内墙抹灰工艺

内墙抹灰工艺(上)

一、工艺流程

内墙抹灰工艺流程如下:

基层清理→浇水润湿→吊垂直、套方、找规矩、抹灰饼→抹水泥→踢脚或墙裙→做护角抹水泥窗台→墙面冲筋→抹底灰→修补预留孔洞、电箱槽、盒等→抹罩面灰

二、操作工艺

1.基层清理

(1)砖砌体基层,将墙面上残存的砂浆、舌头灰剔除,污垢、灰尘等清理干净,用清水冲洗墙面,将砖缝中的浮砂、尘土冲掉。

(2)混凝土墙基层处理,因混凝土墙面在结构施工时大都使用脱模隔离剂,表面比较光滑,故应将其表面进行处理,其方法为:采用脱污剂将墙面的油污脱除干净,晾干后采用机械喷涂(见图5.8)或笤帚涂刷一层薄的胶黏性水泥浆或涂刷一层混凝土界面剂(见图5.9),使其凝固在光滑的基层上,以增加抹灰层与基层的附着力,不出现空鼓、开裂;也可将其表面用尖钻子均匀剔成麻面,使其表面粗糙不平,然后浇水润湿。抹灰时墙面不得有明水。

图5.8　机械喷浆

图5.9　喷浆成品

(3)加气混凝土砌块基体(轻质砌体、隔墙),加气混凝土砌体其本身强度较低,孔隙率较大,在抹灰前应对松动及灰浆不饱满的拼缝或梁、板下的顶头缝,用砂浆填塞密实。将墙面凸出部分或舌头灰剔凿平整,并将缺棱掉角、凹凸不平和设备管线槽、洞等同时用砂浆整修密实、平顺。用托线板检查墙面垂直度偏差及平整度,根据要求将墙面抹灰基层处理到位,然后喷水润湿,水要渗入墙面10~20 mm,墙面不得有明水。然后涂抹墙体界面砂浆,要全部覆盖基层墙体,厚度2 mm,收浆后进行抹灰。

(4)混凝土小型空心砌块砌体(混凝土多孔砖砌体),基层表面清理干净即可,不得浇水。

(5)涂抹石膏抹灰砂浆时,一般不需要进行界面增强处理。

(6)涂抹聚合物砂浆时,将基层处理干净即可,不需浇水润湿。

2.浇水润湿

一般在抹灰前一天,用软管或胶皮管或喷壶顺墙自上而下浇水润湿,每天宜浇两次。

3.吊垂直、套方、找规矩、做灰饼

根据设计图纸要求的抹灰质量,根据基层表面平整垂直情况,用一面墙作基准,吊垂直、套方、找规矩,确定抹灰厚度,抹灰厚度不应小于7 mm。当墙面凹度较大时应分层衬平,每层厚度不大于7~9 mm。操作时应先抹上灰饼,再抹下灰饼。抹灰饼时应根据室内抹灰要求,确定灰饼的正确位置,再用靠尺板找好垂直与平整。灰饼宜用1∶3水泥砂浆抹成5 cm见方形状(见图5.10、图5.11)。

内墙抹灰工艺(中)

图 5.10 大墙面灰饼

图 5.11 门窗洞口灰饼

房间面积较大时应先在地上弹出十字中心线，然后按基面平整度弹出墙角线，随后在距墙阴角 100 mm 处吊垂线并弹出铅垂线，再按地上弹出的墙角线往墙上引弹出阴角两面墙上的墙面抹灰层厚度控制线，以此做灰饼（见图 5.12、图 5.13），然后根据灰饼冲筋。

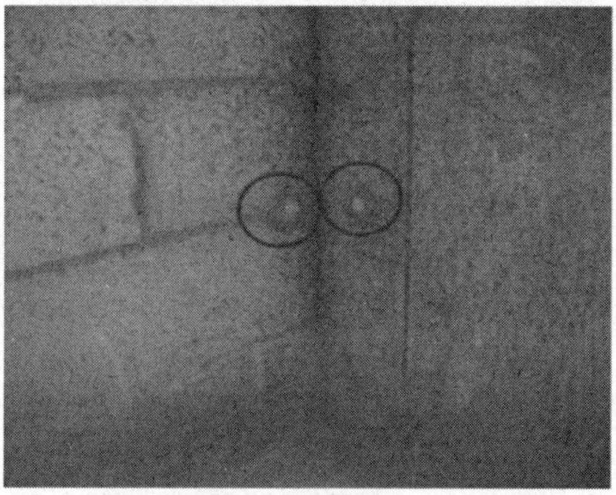

图 5.12 阴角灰饼

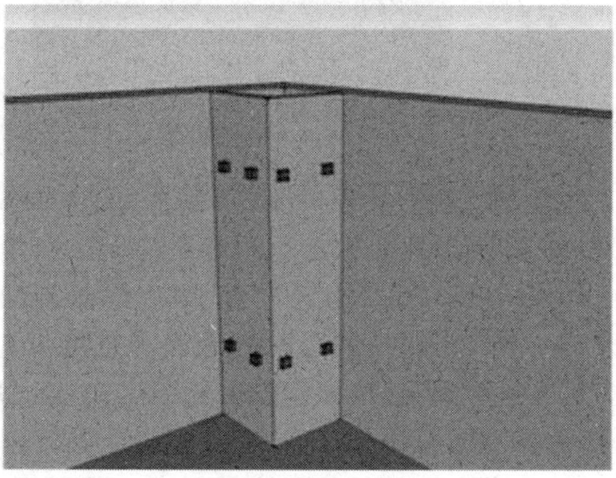

图 5.13 烟道、水电管井灰饼

4.抹水泥踢脚（或墙裙）

根据已抹好的灰饼冲筋（此筋可以冲得宽一些，8～10 cm 为宜，因此筋即为抹踢脚或墙裙的依据，同时也作为墙面抹灰的依据），底层抹 1∶3 水泥砂浆，抹好后用大杠刮平，木抹搓毛，常温第二天用 1∶2.5 水泥砂浆抹面层并压光，抹踢脚或墙裙厚应符合设计要求，无设计要求时凸出墙面 5～7 mm 为宜。凡凸出抹灰墙面的踢脚或墙裙上口必须保证光洁顺直，踢脚或墙面抹好，将靠尺贴在大面与上口平，然后用小抹子将上口抹平压光，凸出墙面的棱角要做成钝角，不得出现毛茬和飞棱。

5.做护角

墙、柱间的阳角应在墙 、柱面抹灰前用 1∶2 水泥砂浆做护角，其高度自地面以上 2 m 将墙、柱的阳角处浇水润湿。第一步：在阳角正面立上八字靠尺，靠尺突出阳角侧面，突出厚度与成活抹灰面平。然后在阳角侧面，依靠尺边抹水泥砂浆，并用铁抹子将其抹平，按护角宽度（不小于 5 cm）将多余的水泥砂浆铲除。第二步：待水泥砂浆稍干后，将八字靠尺移至抹好的护角面上（八字坡向外）。在阳角的正面，依靠尺边抹水泥砂浆，并用铁抹子将其抹平，按护角宽度将多余的水泥砂浆铲除。抹完后去掉八字靠尺，用素水泥浆涂刷护角尖角处，并用捋角器自上而下捋一遍，使形成钝角（见图 5.14）。

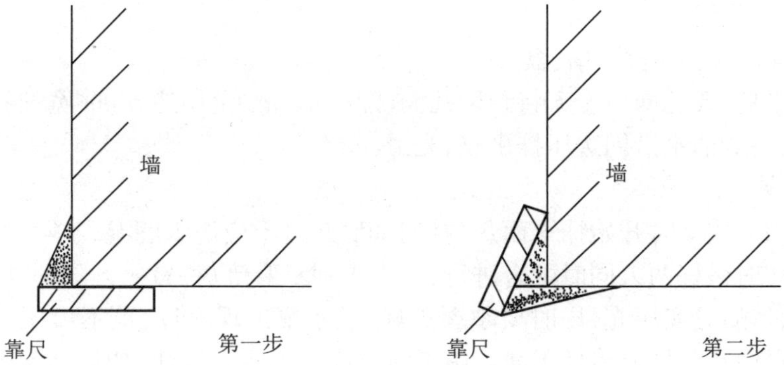

图 5.14　水泥护角做法示意图

6.抹水泥窗台

先将窗台基层清理干净，松动的砖要重新补砌好。砖缝划深，用水润透，然后用 1∶2∶3 豆石混凝土铺实，厚度宜大于 2.6 cm，次日刷胶黏性素水泥一遍，随后抹 1∶2.5 水泥砂浆面层，待表面达到初凝后，浇水养护 2~3 d，窗台板下口抹灰要平直，没有毛刺。

7.墙面冲筋

当灰饼砂浆达到七八成干时，即可用与抹灰层相同砂浆冲筋，冲筋根数应根据房间的高度确定，一般标筋宽度为 5 cm，两筋间距不大于 1.5 m。当墙面高度小于 3.5 m 时宜做立筋。大于 3.5 m 时宜做横筋，做横向冲筋时，做灰饼的间距不宜大于 2 m（见图 5.15）。

内墙抹灰工艺（下）

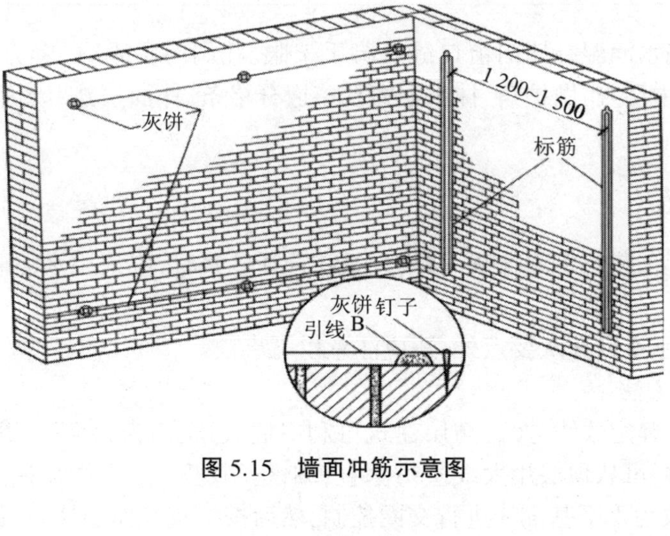

图 5.15　墙面冲筋示意图

8.抹底灰

一般情况下以冲筋完成 2 h 左右开始抹底灰为宜，抹前应先抹一层薄灰，要求将基体抹严，抹时用力压实使砂浆挤入细小缝隙内，接着分层装档、抹与冲筋平，用木杠刮找平整，用木抹子搓毛。然后全面检查底子灰是否平整，阴阳角是否方正、整洁，管道后与阴角交接处、墙顶板交接处是否光滑平整、顺直，并用托线板检查墙面垂直与平整情况。散热器后面的墙面抹灰，应在散热器安装前进行，抹灰面接槎应平顺，地面踢脚板或墙裙、管道背后应及时清理干净，做到活完底清。

9.修抹预留孔洞、配电箱、槽、盒

当底灰抹平后，要随即由专人将预留孔洞、配电箱、槽、盒周边 5 cm 宽的石灰砂刮掉，并清除干净，用大毛刷沾水沿周边压抹平整、光滑。

10.抹罩面灰

应在底灰六七成干时开始抹罩面灰（抹时如底灰过干应浇水润湿）、罩面灰两遍成活，厚度约 2 mm，操作时最好两人同时配合进行，一人先刮一遍薄灰，另一人随即抹平。依先上后下的顺序进行，然后赶实压光，压时要掌握火候，既不要出现水纹，也不可压活，压好后随即用毛刷蘸水将罩面灰污染处清理干净。施工时整面墙不宜甩破活，如遇有预留施工洞时，可甩下整面墙待抹为宜。

11.养护时间

水泥砂浆抹灰 24 h 后应喷水养护，养护时间不少于 7 d；混合砂浆要适度喷水养护，养护时间不少于 7 d。

第三节　外墙抹灰工艺室外墙面抹灰施工

一、工艺流程

外墙抹灰工艺

基层清理→浇水润湿→堵门窗口缝及脚手架眼、孔洞→吊垂直、套方、找规矩、抹灰饼、冲筋→抹底层灰、中层灰、做护角、抹水泥窗台→嵌分格条、抹面层灰、墙面冲筋→抹滴水线、起分格条。

二、操作工艺

室外抹灰工程工艺与室内抹灰一样，只是在选择砂浆时，应选用水泥砂浆或专用的干混砂浆。

施工中，除参照室内抹灰要点外，还应注意以下事项：

(1)确定放线方法

根据建筑高度确定放线方法，高层建筑可利用墙大角、门窗口两边，用经纬仪打直线找垂直。多层建筑时，可从顶层用大线坠吊垂直，绷铁丝找规矩，横向水平线可依据楼层标高或施工+500 mm 线为水平基准线进行交圈控制，然后按抹灰操作层抹灰饼，做灰饼时应注意横竖交圈，以便操作。每层抹灰时则以灰饼做基准冲筋，使其保证横平竖直。

(2)抹底层灰、中层灰

根据不同的基体，抹底层灰前可刷一道胶黏性水泥浆，然后抹水泥砂浆，每层厚度控制在 5~7 mm 为宜。分层抹灰与冲筋平时要用木杠刮平找直，要用木抹子搓毛，每层抹灰不可跟得太紧，以防收缩影响质量。

(3)弹线分格、嵌分格条

大面积抹灰应分格，防止砂浆收缩，造成开裂。根据图纸要求弹线分格、粘分格条。粘时在两侧用素水泥浆抹成 45°八字坡形。粘分格条时注意竖条应粘在所弹立线的同一侧，防止左右乱粘，出现分格不均匀。条粘好后待底层呈七八成干后，可抹面层灰。

(4)抹面层灰、起分格条

待底层灰八成干时开始抹面层灰，将底灰墙面均匀浇水润湿，先刮一层薄薄的素水泥浆，随即抹罩面灰与分格条平，并用木杠横竖刮平，木抹子搓毛，铁抹子溜光、压实。等其表面无明水时，用软毛刷蘸水，垂直于地面向同一方向轻刷一遍，以保证面层灰颜色一致，避免出现收缩裂缝；随后将分格条起出，等灰层干后，用素水泥膏将缝勾好(见图 5.16)。难起的分格条不要硬起，防止棱角损坏，待灰层干透后补起，并补勾缝。

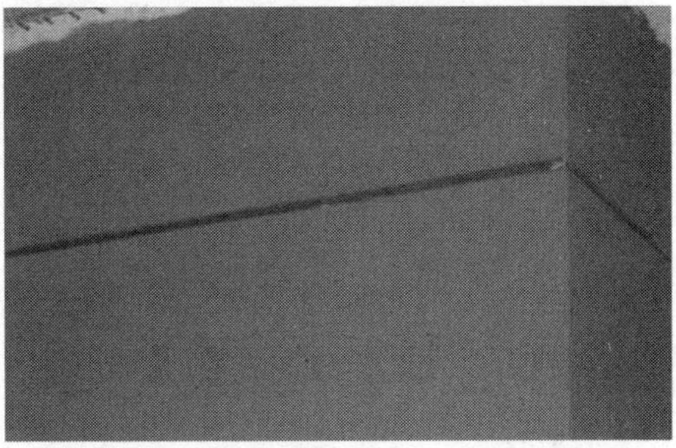

图 5.16　外墙面抹灰层按方案设置分隔缝

(5)抹滴水线

在抹檐口、窗台、窗楣、阳台、雨篷、压顶和突出墙面的腰线以及装饰凸线时，应将其上面做成向外的流水坡度，严禁出现倒坡。下面做滴水线(槽)。窗台上面的抹灰层应深入窗框下坎裁口内，堵塞密实，流水坡度及滴水线(槽)(见图 5.17)距外表面不小于 40 mm，滴水线深度和宽度一般不小于 10 mm，并应保证其流水坡度方向正确，如图 5.18 所示。

抹滴水线(槽)应先抹立面，后抹顶面，再抹底面。分格条在底面灰层抹好后，即可拆除。

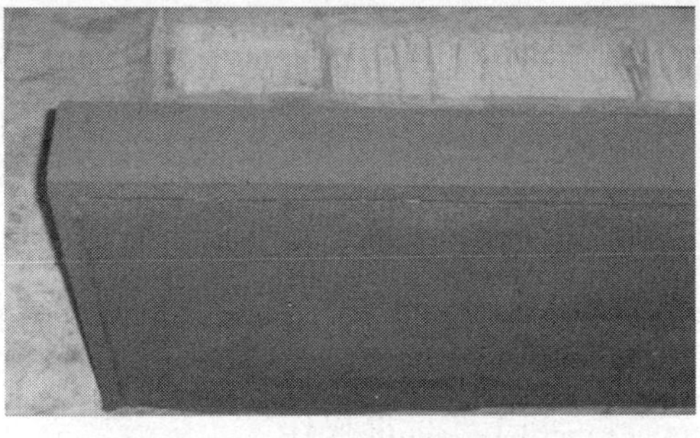

图 5.17　阳台、外挑板、窗檐等位置设置鹰嘴或成品滴水线条

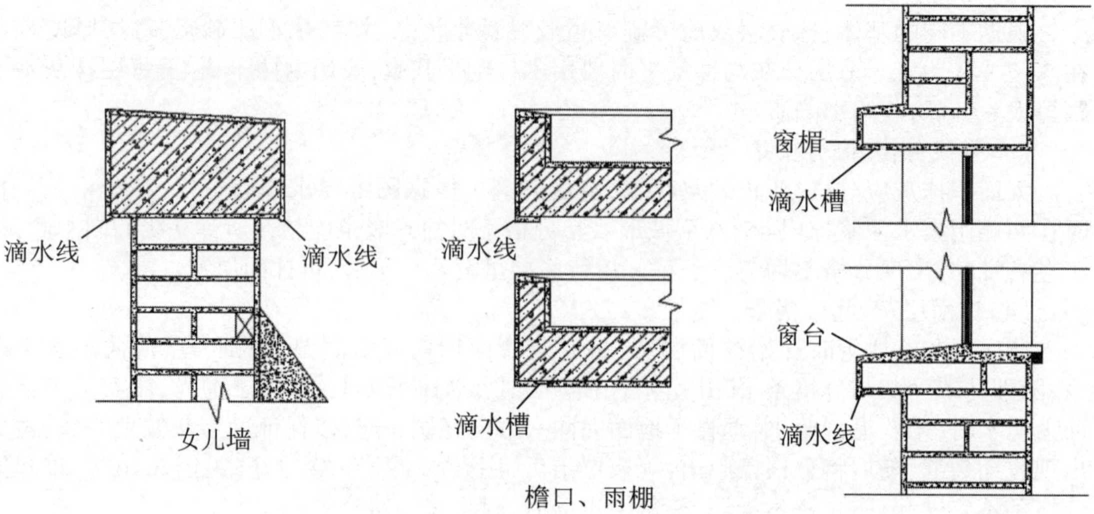

图 5.18 滴水线(槽)示意图

(6)养护

水泥砂浆抹灰常温 24 h 后应喷水养护。冬期施工要有保温措施。

第四节 抹灰工程质量标准

一、主控项目

抹灰工程质量标准

1.抹灰前基层表面的尘土、污垢、油渍等应清除干净,并应洒水润湿。

检验要求:抹灰前基层必须经过检查验收,并填写隐蔽验收记录。

检查方法:检查施工记录。

2.一般抹灰材料的品种和性能应符合设计要求。水泥凝固时间和安定性应合格。砂浆的配合比应符合设计要求。

检验要求:材料复验要由监理或相关单位负责见证取样,并签字认可。配制砂浆时应使用相应的量器,不得估配或采用经验配制。对配制使用的量器使用前应进行检查标识,并定期检查,做好记录。

检查方法:检查产品合格证、进场验收记录、复验报告和施工记录。

3.灰层与基层之间的各抹灰层之间必须黏结牢固,抹灰层无脱层、空鼓,面层应无爆灰和裂缝。

检验要求:操作时严格按规范和工艺标准操作。

检查方法:观察,用小锤轻击检查,检查施工记录。

二、一般项目

(1)一般抹灰工程的表面质量应符合下列规定:

普通抹灰表面应光滑、洁净,接槎平整,分格缝应清晰。高级抹灰表面应光滑、洁净,颜色均匀、无抹纹,分格缝和灰线应清晰美观。

检验要求:抹灰等级应符合设计要求。

检查方法:观察,手摸检查。

(2)护角、孔洞、槽、盒周围的抹灰应整齐、光滑,管道后面抹灰表面平整。

检验要求:组织专人负责孔洞、槽、盒周围、管道背后抹灰工作,抹完后应由质检部门检验,并填写工程验收记录。

检查方法:观察。

(3)抹灰总厚度应符合设计要求,水泥砂浆不得抹在石灰砂浆上,罩面石膏灰不得抹在水泥砂浆层上。

检验要求:施工时要严格按施工工艺要求操作。

检查方法:检查施工记录。

(4)一般抹灰工程质量的允许偏差和检验方法应符合表4.1、表4.2的规定。

表4.1 一般抹灰的允许偏差

项次	项目	允许偏差/mm		检验方法
		普通	高级	
1	立面垂直度	3	2	用2 m垂直检测尺检查
2	表面平整度	3	2	用2 m靠尺和塞尺检查
3	阴阳角方正	3	2	用直角检测尺检测
4	分格条(缝)直线度	3	2	拉5 m线,不足5 m拉通线,用钢直尺检查
5	墙裙、勒脚上口直线度	3	2	拉5 m线,不足5 m拉通线,用钢直尺检查

表4.2 外墙面一般抹灰允许偏差

项次	项目	允许偏差/mm		检验方法
		中级	高级	
1	立面垂直度	5	3	用2 m托线板检查
2	表面平整度	4	2	用2 m靠尺及楔形塞尺检查
3	阴阳角垂直	4	2	用2 m托线板检查
4	阴阳角方正	4	2	用20 cm方尺和楔形塞尺检查
5	分格条(缝)平直	3	—	拉5 m小线和尺量检查

(5)检测工具(见图 5.19)。

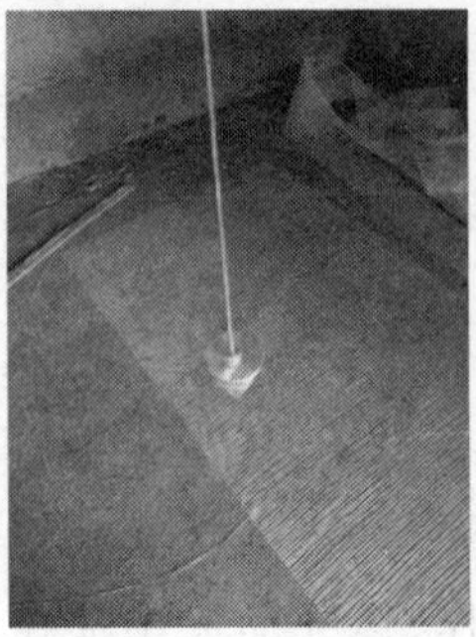

(a)铅坠

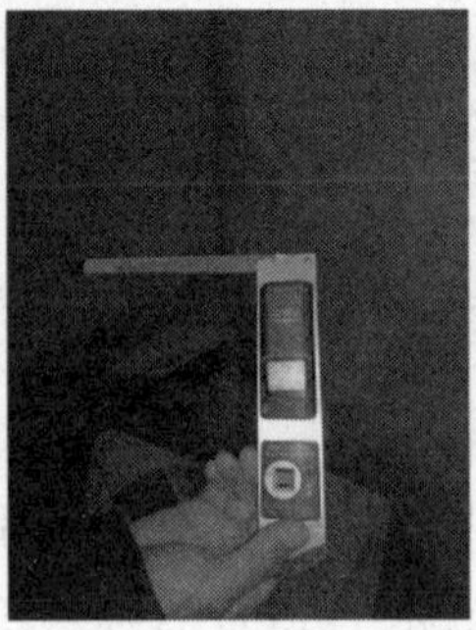

(b)角尺

(c)靠尺

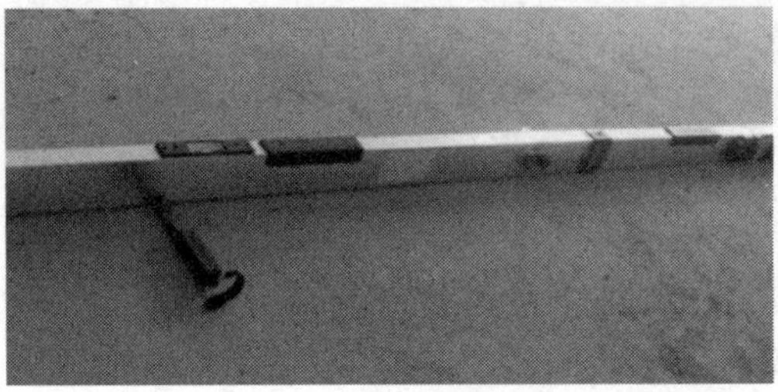

(d)靠尺及塞尺

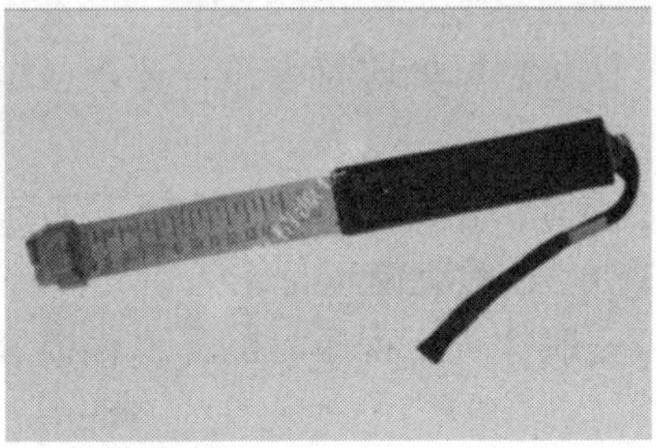

(e)塞尺

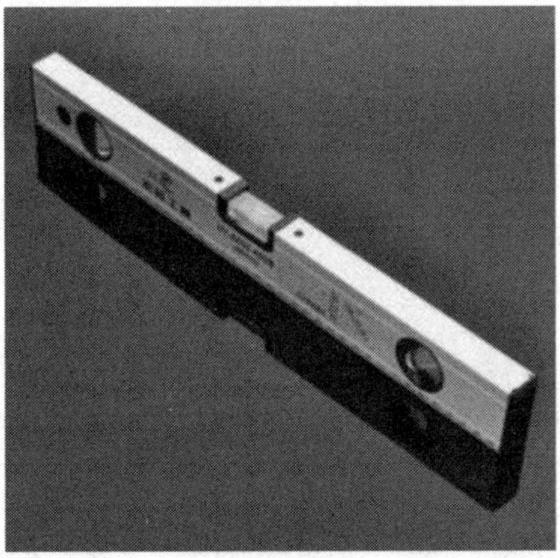

(f)水平尺

图 5.19 检测工具

第五节 抹灰工程质量检测方法

抹灰工程质量检测方法(上)

一、墙体表面平整度检验方法

当墙面长度小于 4 m,在同一墙面顶部和根部 4 个角中,选取左上、右下 2 个角按 45°斜放靠尺分别测量 1 次，在距离地面 20 cm 左右的位置水平测 1 次；当墙面长度大于 4 m，在同一墙面 4 个角任选两个方向各测量 1 次，在墙长度方向任意位置增加 2 次水平测量，在距离地面 20 cm 左右的位置水平测 2 次。

所选实测区墙面优先考虑有门窗、过道洞口的，在各洞口 45°斜测一次，洞口两边竖向各测一次。

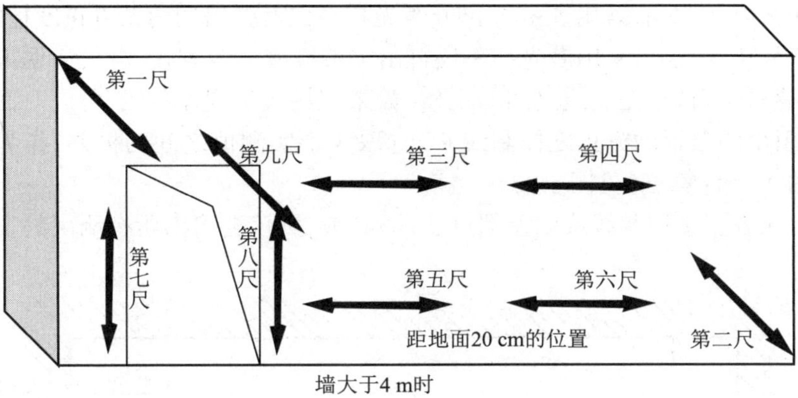

图 5.20 墙体表面平整度测量示意

二、墙体垂直度检验方法

当墙长度小于 3 m 时，同一面墙距两端头竖向阴阳角约 30 cm 位置，分别按以下原则实测 2 次：一是靠尺顶端接触到上部混凝土顶板位置时测 1 次垂直度，二是靠尺底端接触到下部地面位置时测 1 次垂直度。当墙长度大于 3 m 时，同一面墙距两端头竖向阴阳角约 30 cm 和墙体中间位置，分别按以下原则实测 3 次：一是靠尺顶端接触到上部混凝土顶板位置时测 1 次垂直度；二是靠尺底端接触到下部地面位置时测 1 次垂直度；三是在墙长度中间位置靠尺基本在高度方向居中时测 1 次垂直度。

抹灰工程质量检测方法（下）

具备实测条件的门洞口墙体垂直度为必测项（见图 5.21）。

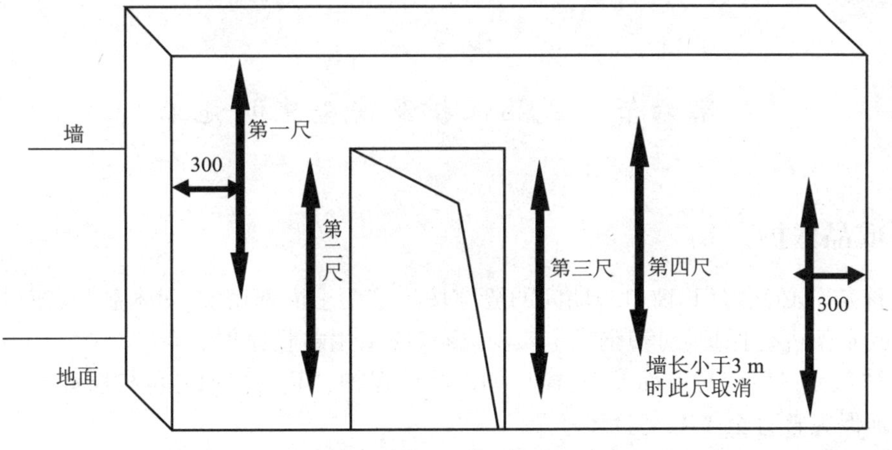

图 5.21 墙垂直度测量示意

三、阴阳角方正度检验方法

每套房同层内必须设置一条方正度控制线(尽量通长设置,降低引测误差),且同一套房同层内的各测区(即各房间)必须采用此方正控制基准线,然后以此为基准,引测至各测区(即各房间);距墙体 30~60 cm 范围内弹出方正度控制线,并做明显标识和保护。

在同一测区内,实测前需用 5 m 卷尺或激光扫平仪对弹出的两条方正度控制线,以短边墙为基准进行校核,无误后采用激光扫平仪打出十字线或吊线方式,沿长边墙方向分别测量 3 个位置(两端和中间)与控制线之间的距离(如果现场找不到控制线,可以一面带窗墙面为基准,用仪器引出两条辅助方正度控制线)。选取 3 个实测值之间的极差,作为判断该实测指标合格率的 1 个计算点(见图 5.22)。

如该套房无方正度控制线或偏差超过 5 mm/2 m,则该套房内所有测区的实测值均按不合格计。

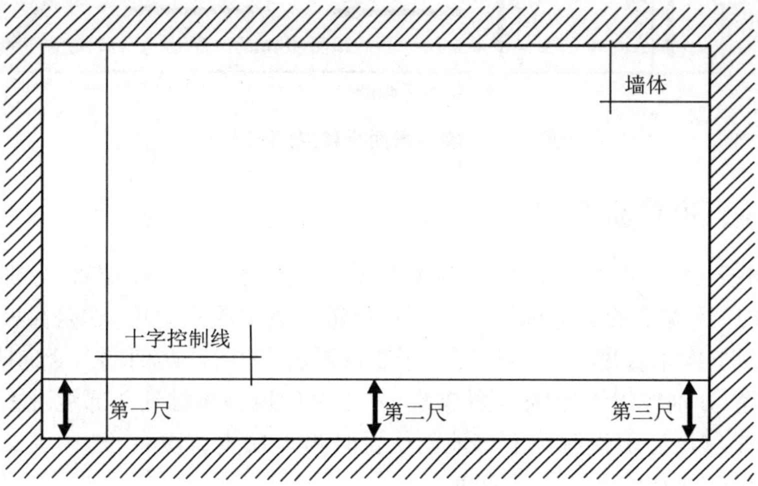

图 5.22　方正度测量示意

第六节　成品保护及安全文明施工

一、成品保护

成品保护及安全文明施工

(1)抹灰前必须将门、窗口与墙间的缝隙按工艺要求嵌塞密实,对木制门、窗口应采用铁皮、木板或木架进行保护,对塑钢或金属门、窗口应采用贴膜保护。

(2)抹灰完成后应对墙面及门、窗口加以清洁保护,门、窗口原有保护层如有损坏的应及时修补,确保完整直至竣工交验。

(3)在施工过程中,搬运材料、机具以及使用小手推车时,要特别小心,防止碰、撞、磕划墙面、门、窗口等。后期施工操作人员严禁蹬踩门、窗口、窗台,以防损坏棱角。

(4)抹灰时墙上的预埋件、线槽、盒、通风篦子、预留孔洞应采取保护措施,防止施工时灰浆漏入或堵塞。

(5)拆除脚手架、跳板、高马凳时要加倍小心,轻拿轻放,集中堆放整齐,以免撞坏门、窗口、墙面或棱角等。

(6)当抹灰层未充分凝结硬化前,防止快干、水肿、撞击、振动和挤压,以保证抹灰层不受损伤和有足够的强度。

(7)施工时不得在楼地面上和休息平台上拌和灰浆,对休息平台、地面和楼梯踏步要采取保护措施,以免搬运材料或运输过程中造成损坏。

二、安全、环境保护措施

(1)室内抹灰采用高凳上铺脚手板时,不得使用单板、浮板、探头板,高凳间距不得大于2 m,移动高凳时上面不得站人,作业人员最多不得超过2人。高度超过2 m时,应由架子工搭设脚手架。

(2)作业过程中遇有脚手架与建筑物之间拉接,未经领导同意,严禁拆除。必要时由架子工负责采取加固措施后,方可拆除。

(3)采用井子架、龙门架、外用电梯垂直运输材料时,卸料平台通道的两侧安全防护必须齐全、牢固,加装停靠装置,卸料车必须加挡车装置,不得向井内探头张望。

(4)脚手板不得搭设在门窗、暖气片、洗脸池等非承重的物器上。

(5)凡有高血压、心脏病、贫血病、癫痫病及不适合高空作业的严禁从事高空作业。

(6)施工作业人员要熟知抹灰工安全技术操作规程,严禁酒后操作。

(7)机械操作人员应经过专业培训,持证上岗,女同志操作机械时不得外露长发,学员不得独立操作。

(8)搅拌机系统的运行,开车前应检查各系统是否良好。下班后应切断电源,电源箱应上锁。运行中严禁用铁铲伸入滚筒内扒料,也不得将异物伸入传动部分,发现故障应停车检修。

清理搅拌斗下的砂石,必须待送料斗提升并固定稳妥后方可进行。清扫闸门及搅拌器应在切断电源后进行。在送料斗提升过程中严禁在斗下敲击斗身或从斗下通过。

(9)使用现场搅拌站时,应设置施工污水处理设施,未经处理不得随意排放。

(10)施工现场的洞口、坑、沟、升降口、漏斗、架子出入口等,应设防护设施及明显标志。

(11)淋制石灰人员要戴防护眼镜和防护口罩。淋制石灰产生的灰渣不得随意销毁。

(12)施工用水泥、砂、石子、石灰要集中封闭或盖苫堆放,筛砂时要避开大风天。

(13)水泥、砂等材料运输过程不得随处溢洒,及时清扫洒落地材料,清扫垃圾及砂浆拌合物过程中要避免灰尘飞扬。

(14)施工场所应保持整洁,做到"工完、料净、场地清",坚持文明施工。清理现场时,严禁将垃圾杂物从窗口、洞口、阳台等处采取抛撒运输方式,以防止造成粉尘污染。

(15)施工现场使用或维修机械时,应有防滴油、漏油措施,严禁将机油滴漏于地面上,造成土壤污染。

第六章 砌体结构质量检验

砌体结构是砌块和砌筑砂浆组砌而成的墙、柱作为建筑物主要受力构件的结构，是砖砌体、石砌体和填充墙砌体的统称，主要用于建筑的条形基础、墙、柱。本章着重讨论砌体结构的质量控制要点，质量标准及检验标准。

第一节　砖砌体施工质量标准及检验

砖砌体施工质量控制要点

一、施工质量控制要点

(1)用于清水墙、柱表面的砖，应边角整齐、色泽均匀。

(2)在有冻胀环境和条件的地区，地面以下或防潮层以下的砌体，不宜采用多孔砖。

(3)砌筑砖砌体时，砖应提前1~2 d浇水润湿。

(4)砌砖工程采用铺浆法砌筑时，铺浆长度不得超过750 mm；施工期间气温超过30 ℃时，铺浆长度不得超过500 mm。

(5)240 mm厚承重墙每层墙的最上一皮砖，砖砌体的阶台水平面上及挑出层，应整砖丁砌。

(6)砖砌平拱过梁的灰缝应砌成楔形缝。灰缝的宽度，在过梁的底面不应小于5 mm，在过梁的顶面不应大于15 mm。拱脚下面应伸入墙内不小于20 mm，拱底应有1%的起拱。

(7)砖过梁底部的模板，在灰缝砂浆强度不低于设计强度的50%时方可拆除。

(8)多孔砖的孔洞应垂直于受压面砌筑。

(9)施工时施砌的蒸压(养)砖的龄期不应小于28 d。

(10)竖向灰缝不得出现透明缝、瞎缝和假缝。

(11)砖砌体施工时间断处补砌时，必须将接槎处表面清理干净，浇水润湿，并填实砂浆，保持灰缝平直。

二、主控项目

(1)砖和砂浆的强度等级必须符合设计要求。

1)抽检数量　每一生产厂家的砖运到现场后,按烧结砖15万块,多孔砖、灰砂砖10万块各为一验收批,抽检数量为1组。砂浆试块的抽检数量执行《砌体结构工程施工质量验收规范》(GB 50203—2011)的有关规定。

2)检验方法　查砖和砂浆试块试验报告。

3)砂浆强度合格标准　同一验收批砂浆试块抗压强度平均值应大于或等于设计强度,且最小一组抗压强度平均值不小于75%设计强度;当同一验收批只有一组试块时,其抗压强度平均值应大于或等于设计强度。

注:砂浆强度应以标准养护28 d的试块抗压试验结果为准。

(2)砌体水平灰缝的砂浆饱满度不得小于80%。

1)抽检数量　每检验批抽查不应少于5处。

2)检验方法　用百格网检查砖底面与砂浆的黏结痕迹面积。每处检测3块砖,取其平均值。

(3)砖砌体的转角处和交接处应同时砌筑,严禁无可靠措施的内外墙分砌施工。对不能同时砌筑而又必须留置的临时间断处应砌成斜槎,斜槎水平投影长度不应小于高度的2/3。

1)抽检数量　每检验批抽20%接槎,且不应少于5处。

2)检验方法　观察检查。

(4)非抗震设防及抗震设防烈度为6度、7度地区的临时间断处,当不能留斜槎时,除转角处外,可留直槎,但直槎必须做成阳槎。留直槎处应加设拉结钢筋,拉结钢筋的数量为每240 mm厚墙放置2ϕ6拉结钢筋(120 mm厚墙放置1ϕ6拉结钢筋),间距沿墙高不应超过500 mm,埋入长度从留槎处算起每边不应小于500 mm,对抗震设防烈度6度、7度的地区,不应小于1000 mm,末端应有90°弯钩,如图6.1所示。

砖砌体施工质量检验方法

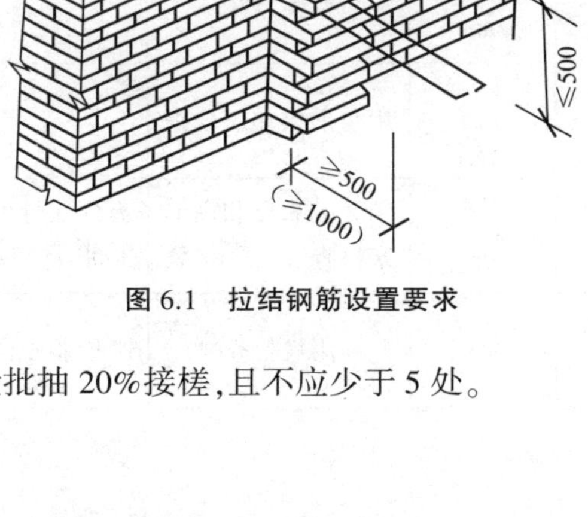

图6.1　拉结钢筋设置要求

1)抽检数量　每检验批抽20%接槎,且不应少于5处。

2)检验方法　观察和尺量检查。

3)合格标准　留槎正确,拉结钢筋设置数量、直径正确,竖向间距偏差不超过 100 mm,留置长度符合规定。

(5)砖砌体的轴线位置及垂直度允许偏差应符合表 6.1 的规定。

抽检数量:轴线查全部承重墙柱;外墙垂直度全高查阳角,不应少于 4 处,每层每 20 m 查 1 处;内墙按有代表性的自然间抽 10%,但不应少于 3 间,每间不应少于 2 处,柱不少于 5 根。

表 6.1　砖砌体的位置及垂直度允许偏差

项次	项目			允许偏差/mm	检验方法
1	轴线位置偏移			10	用经纬仪和尺检查或用其他测量仪器检查
2	垂直度	每层		5	用 2 m 托线板检查
		全高	≤10 m	10	用经纬仪、吊线和尺检查,或用其他测量仪器检查
			>10 m	20	

三、一般项目

(1)砖砌体组砌方法应正确,上、下错缝,内外搭砌,砖柱不得采用包心砌法。

1)抽检数量　外墙每 20 m 抽查 1 处,每处 3~5 m,且不少于 3 处;内墙按有代表性的自然间抽 10%,且不应少于 3 间。

2)检验方法　观察检查。

3)合格标准　除符合本条要求外,清水墙、窗间墙无通缝;混水墙中长度大于或等于 300 mm 的通缝每间不超过 3 处,且不得位于同一面墙上。

(2)砖砌体的灰缝应横平竖直,厚薄均匀。水平灰缝厚度宜为 10 mm,但不应小于 8 mm,也不应大于 12 mm。

1)抽检数量　每步脚手架施工的砌体,每 20 m 抽查 1 处。

2)检验方法　用尺量十皮砖砌体高度折算。

(3)砖砌体的一般尺寸允许偏差应符合表 6.2 的规定。

表 6.2　砖砌体一般尺寸允许偏差

项次	项目		允许偏差/mm	检验方法	抽检数量
1	基础顶面和楼面标高		±15	用水平仪和尺检查	不应少于 5 处
2	表面平整度	清水墙、柱	5	用 2 m 靠尺和楔形塞检查	有代表性的自然间抽 10%,但不应少于 3 间,每间不应少于 2 处
		混水墙、柱	8		
3	门窗洞口高、宽(后塞口)		±5	用尺检查	检验批洞口的 10%,且不应少 5 处

续表 6.2

项次	项目		允许偏差/mm	检验方法	抽检数量
4	外墙上下窗口偏移		20	以底层窗口为准,用经纬仪或吊线检查	检验批的 10%,且不应少于 5 处
5	水平灰缝平直度	清水墙	7	拉 10 m 线和尺检查	有代表性的自然间抽 10%,但不应少于 3 间,每间不应少于 2 处
		混水墙	10		
6	清水墙游丁走缝		20	吊线和尺检查,以每层第一皮砖为准	有代表性的自然间抽 10%,但不应少于 3 间,每间不应少于 2 处

第二节 砖基础砌体质量通病与防治

一、砂浆强度不稳定

砖基础砌体质量通病与防治(上)

1.产生原因

(1)计量不准。

(2)掺加的塑化材料(如石灰膏等)超过规定数量。

(3)原材料质量不符合有关要求。

(4)砂浆试块的制作不规范,数据不准。

(5)砂浆搅拌不均匀,投料顺序颠倒。

2.防治措施

(1)加强原材料的进厂验收。不合格或质量差的材料不予进场,若进场,要立即采取相应的技术措施。

(2)严格掌握正确的施工配合比,配合比应按质量比计算,建立严格的计量制度。

(3)不得用增加微泡剂掺量等方法来改善砂浆和易性。

(4)调整搅拌砂浆时的加料顺序,使砂浆搅拌均匀。砂浆用量应按实际需要,拌制砂浆的使用时间不得超过 3~4 h。

(5)砌块的制作养护和强度取值应按照《砌体结构工程施工质量验收规范》(GB 50203—2011)规定执行。

二、基础墙身中线偏移过大

1.产生原因

(1)收台阶时两边的收台尺寸不均匀或尺寸不准。

(2)砌筑前和收台阶后没有及时拉线检查轴线和台阶边线的准确性。

(3)中间隔墙没有龙门板,用卷尺丈量而发生偏差。

2.防治措施

(1)在建筑物定位放线时,订设足够的龙门板和中心桩,并要有可靠的防护措施。

(2)基础弹线后要复核,基础砌筑过程中把中线画在墙身上,并随着砌体的升高而升高。

(3)在收台阶时要控制台阶的宽度,随时检查大角的垂直度。

三、基顶标高偏差

砖基础砌体质量通病与防治(下)

1.产生原因

(1)基底或垫层的标高相差较大,没有找平偏差大的部分。

(2)大放脚不能贴近墙身,使墙所砌的砖层与皮杆数的标高出现偏差。

2.防治措施

(1)操作时垫层必须按要求先用 M7.5 水泥砂浆或 C10 细石混凝土找平。

(2)小皮数杆要具有一定刚度,避免变形,且可以直接砌在基础中心位置上,砌筑前要用水准仪复核小皮数杆的标高是否统一。

四、基础防潮层失效

1.产生原因

(1)防潮层施工前,没有做好基底的清理工作。

(2)施工前,基面不浇水或浇水不够,造成防潮层与基面黏结不好。

(3)铺抹时表面抹压不实,养护不好。

(4)砂浆搅拌不均匀。

2.防治措施

(1)基层必须清理干净和浇水润湿。

(2)对松动的砖,必须补砌牢固。

(3)防潮层砂浆收水后要抹压,以地圈梁代替防潮层时,混凝土振捣要密实。

(4)砂浆的拌制必须均匀,外加剂掺量应准确;如为粉状防水剂,必须先调成糊状后再加入。

第三节　石砌体的质量标准及检验

一、施工质量控制要点

石砌体施工质量控制要点

(1)石砌体采用的石材应满足砌体强度和耐久性的要求,质地坚实,无风化剥落和裂纹。用于清水墙、柱表面的石材,色泽应均匀,以保证砌体的美观。

(2)为了保证石材与砂浆的黏结质量,砌筑前应清除干净石材表面的泥垢、水锈等杂质。

(3)砂浆初凝后,如移动已砌筑的石块,将破坏砂浆的内部及砂浆与石块黏结面的黏结力,降低砌体强度及整体性,应将移动石块的原砂浆清理干净,重新铺浆砌筑。

(4)石砌体的灰缝厚度:毛料石砌体和粗料石砌体不宜大于 20 mm,细料石砌体不宜大于 5 mm。

(5)为使毛石基础和料石基础与地基或基础垫层黏结紧密，保证传力均匀和石块平稳，砌筑毛石基础的第一皮石块应座浆，并将大面向下；砌筑料石基础的第一皮石块应用丁砌层座浆砌筑。

(6)毛石砌体的第一皮及转角处、交接处和洞口处，应用较大的平毛石砌筑。每个楼层(包括基础)砌体的最上一皮，宜选用较大的毛石砌筑。

(7)砌筑毛石挡土墙时，为了能及时发现并纠正砌筑中的偏差，以保证工程质量，每砌3~4皮为一个分层高度，每个分层高度应找平一次；外露面的灰缝厚度不得大于40 mm，两个分层高度间分层处的错缝不得小于80 mm。

(8)料石挡土墙，当中间部分用毛石砌时，丁砌料石伸入毛石部分的长度不应小于200 mm。

(9)挡土墙的泄水孔当设计无规定时，在每米高度上水平间隔2 m设置一个泄水孔，泄水孔应均匀设置；泄水孔与土体间铺设长宽各为300 mm、厚200 mm的卵石或碎石作为疏水层。挡土墙内侧回填土必须分层夯填，分层松土厚度应为300 mm。墙顶土面应有适当坡度使水流向挡土墙外侧面。

二、主控项目

(1)石材及砂浆强度等级必须符合设计要求。

1)抽检数量　同一产地的石材至少应抽检一组。砂浆试块的抽检数量：每一检验批且不超过250 m^3 砌体的各种类型及强度等级的砌筑砂浆，每台搅拌机应至少抽检一次。

2)检验方法　料石检查产品质量证明书，石材、砂浆检查试块试验报告。

石砌体施工质量检验方法

(2)砂浆饱满度不应小于80%。

1)抽检数量　每步架抽查不应少于1处。

2)检验方法　观察检查。

(3)石砌体的轴线位置及垂直度允许偏差应符合表6.3规定。

抽检数量：外墙，按楼层(4 m高以内)每20 m抽查1处，每处3延长米，但不应少于3处；内墙，按有代表性的自然间抽查10%，但不应少于3间，每间不应少于2处，柱子不应少于5根。

表6.3　石砌体的轴线位置及垂直度允许偏差

<table>
<tr><th rowspan="4">项次</th><th rowspan="4" colspan="2">项目</th><th colspan="7">允许偏差/mm</th><th rowspan="4">检验方法</th></tr>
<tr><th colspan="2">毛石砌体</th><th colspan="5">料石砌体</th></tr>
<tr><th rowspan="2">基础</th><th rowspan="2">墙</th><th colspan="2">毛料石</th><th colspan="2">粗料石</th><th>细料石</th></tr>
<tr><th>基础</th><th>墙</th><th>基础</th><th>墙</th><th>墙、柱</th></tr>
<tr><td>1</td><td colspan="2">轴线位置</td><td>20</td><td>15</td><td>20</td><td>15</td><td>15</td><td>10</td><td>10</td><td>用经纬仪和尺检查，或用其他测量仪器检查</td></tr>
<tr><td rowspan="2">2</td><td rowspan="2">墙面垂直度</td><td>每层</td><td>—</td><td>20</td><td>—</td><td>20</td><td>—</td><td>10</td><td>7</td><td rowspan="2">用经纬仪、吊线和尺检查，或用其他测量仪器检查</td></tr>
<tr><td>全高</td><td>—</td><td>30</td><td>—</td><td>30</td><td>—</td><td>25</td><td>10</td></tr>
</table>

三、一般项目

(1)石砌体的一般尺寸允许偏差应符合表 6.4 规定。

抽检数量:外墙,按楼层(4 m 高以内)每 20 m 抽查 1 处,每处 3 延长米,但不应少于 3 处;内墙,按有代表性的自然间抽查 10%,但不应少于 3 间,每间不应少于 2 处,柱子不应少于 5 根。

表 6.4 石砌体的一般尺寸允许偏差

项次	项目		允许偏差/mm							检验方法
			毛石砌体		料石砌体					
					毛料石		粗料石		细料石	
			基础	墙	基础	墙	基础	墙	墙、柱	
1	基础和墙砌体顶面标高		±20	±15	±25	±15	±15	±15	±10	用水准仪和尺检查
2	砌体厚度		±30	+20 −10	±30	+20 −10	±15	+10 −5	+10 −5	用尺检查
3	表面平整度	清水墙、柱	—	20	—	20	—	10	5	细料石用 2 m 靠尺和楔形塞尺检查,其他用 2 m 直尺垂直于灰缝拉 2 m 线和尺检查
		混水墙、柱	—	20	—	30	—	15	—	
4	清水墙水平灰缝平整度		—	—	—	—	—	10	5	用 10 m 线和尺检查

(2)石砌体的组砌形式应符合下列规定:

1)内外搭砌,上下错缝,拉结石、丁砌石交错设置。

2)毛石墙拉结石每 0.7 m^2 墙面不应少于 1 块。

抽检数量:外墙,按楼层(4 m 高以内)每 20 m 抽查 1 处,每处 3 延长米,但不应少于 3 处;内墙,按有代表性的自然间抽查 10%,但不应少于 3 间。

第四节 混凝土小型空心砌块砌体的质量标准及检验

混凝土小型空心砖砌体施工质量控制要点

一、施工质量控制要点

(1)对于混凝土小型空心砌块砌体工程,为有效控制砌体收缩裂缝和保证砌体强度,施工时所用的小砌块的产品龄期不应小于 28 d。

(2)砌筑小砌块时,应清除表面污物和芯柱用小砌块孔洞底部的毛边,剔除外观质量不合格的小砌块。

(3)砌筑所用的砂浆。宜选用专用的小砌块砌筑砂浆。

(4)底层室内地面以下或防潮层以下的砌体,为了提高砌体的耐久性,预防或延缓冻害,减轻地下水中有害物质对砌体的侵蚀,应采用强度等级不低于C20的混凝土灌实小砌块的孔洞。

(5)砌筑时,在天气干燥炎热的情况下,可提前洒水润湿小砌块;对轻集料混凝土小砌块,可提前浇水润湿;小砌块表面有浮水时,不得施工。

(6)承重墙体严禁使用断裂小砌块。

(7)小砌块墙体应对孔错缝搭砌,搭接长度不应小于90 mm。墙体的个别部位不能满足上述要求时,应在灰缝中设置拉结钢筋或钢筋网片,但竖向通缝仍不得超过两皮小砌块。

(8)小砌块应底面朝上反砌于墙上。

(9)浇灌芯柱的混凝土,宜选用专用的小砌块灌孔混凝土,当采用普通混凝土时,其坍落度不应小于90 mm。

(10)浇灌芯柱的混凝土,应清除孔洞内的砂浆等杂物,并用水冲洗;为了避免振捣混凝土芯柱时的震动力和施工过程中难以避免的冲撞对墙体整体性带来的不利影响,应待砌体砂浆强度大于1 MPa时,方可浇灌芯柱混凝土;在浇灌芯柱混凝土前应先注入适量与芯柱混凝土相同的去石水泥砂浆,再浇灌混凝土。

(11)需要移动砌体中的砌块或小砌块被撞动时,应重新铺砌。

二、主控项目

(1)小砌块和砂浆的强度等级必须符合设计要求。

1)抽检数量　每一生产厂家,每1万块小砌块至少应抽检一组。用于多层建筑基础和应层的小砌块抽检数量不应少于2组。砂浆试块的抽检数量为:每一检验批且不超过250 m^3砌体的各种类型及强度等级的砌筑砂浆,每台搅拌机应至少抽检一次。

2)检验方法　查小砌块和砂浆试块试验报告。

(2)砌体水平灰缝的砂浆饱满度应按净面积计算不得低于90%;竖向灰缝饱满度不得小于80%,竖缝凹槽部位应用砌筑砂浆填实;不得出现瞎缝、透明缝。

1)抽检数量　每检验批不应少于3处。

2)检验方法　用专用百格网检测小砌块与砂浆黏结痕迹,每处检测1块小砌块,取其平均值。

(3)墙体转角处和纵横墙交接处应同时砌筑。临时间断处应砌成斜槎,斜槎水平投影长度不应小于高度的2/3。

1)抽检数量　每检验批抽20%接槎,且不应少于5处。

2)检验方法　观察检查。

(4)砌体的轴线偏移和垂直度偏差应符合表6.5的规定。

表 6.5 砖砌体的位置及竖直度允许偏差

项次	项目		允许偏差/mm	检验方法
1	轴线位置偏移		10	用经纬仪和尺检查或用其他测量仪器检查
2	垂直度	每层	5	用 2 m 托线板检查
		全高≤10 m	10	用经纬仪、吊线和尺检查,或用其他测量仪器检查

三、一般项目

(1)墙体的水平灰缝厚度和竖向灰缝宽度宜为 10 mm,但不应大于 12 mm,也不应小于 8 mm。

1)抽检数量　每层楼的检测点不应少于 3 处。

2)检验方法　用尺量五皮小砌块的高度和 2 m 砌体长度折算。

(2)小砌块墙体的一般尺寸允许偏差应符合表 6.6 中规定。

表 6.6 砖砌体一般尺寸允许偏差

项次	项目		允许偏差/mm	检验方法	抽检数量
1	基础顶面和楼面标高		±15	用水平仪和尺检查	不应少于 5 处
2	表面平整度	清水墙、柱	5	用 2 m 靠尺和楔形塞检查	有代表性的自然间抽 10%,但不应少于 3 间,每间不应少于 2 处
		混水墙、柱	8		
3	门窗洞口高、宽(后塞口)		±5	用尺检查	检验批洞口的 10%,且不应少 5 处
4	外墙上下窗口偏移		20	以底层窗口为准,用经纬仪或吊线检查	检验批的 10%,且不应少于 5 处
5	水平灰缝平直度	清水墙	7	拉 10 m 线和尺检查	有代表性的自然间抽 10%,但不应少于 3 间,每间不应少于 2 处
		混水墙	10		
6	清水墙游丁走缝		20	吊线和尺检查,以每层第一皮砖为准	有代表性的自然间抽 10%,但不应少于 3 间,每间不应少于 2 处

配筋砌体施工质量控制要点

第五节　配筋砌体的质量标准及检验

一、施工质量控制要点

(1)配筋砖砌体的质量标准除满足砖砌体的质量标准的规定和要求外,配筋砌体构造柱浇灌混凝土前,必须将砌体留槎部位和模板浇水润湿,将模板内的落地灰、砖渣和其他杂物清理干净,并在结合面处注入适量与构造柱混凝土相同的去石水泥砂浆。振捣时,应避免触碰墙体,严禁通过墙体传振。

(2)配筋砌体水平灰缝中钢筋的锚固长度不宜小于 50 d(d 为钢筋直径),且其水平或垂直弯折段的长度不宜小于 20 d 和 150 mm;钢筋的搭接长度不应小于 55 d。

(3)配筋砌块砌体剪力墙应采用专用的小砌块砌筑砂浆和专用的小砌块灌孔混凝土。

二、主控项目

(1)钢筋的品种、规格和数量应符合设计要求。

检验方法　检查钢筋的合格证书、钢筋性能试验报告、隐蔽工程记录。

配筋砌体施工质量检验

(2)构造柱、芯柱、组合砌体构件、配筋砌体剪力墙构件的混凝土或砂浆的强度等级应符合设计要求。

1)抽检数量　各类构件每一检验批砌体至少应抽检一组试块。

2)检验方法　检查混凝土或砂浆试块试验报告。

(3)构造柱与墙体的连接处应砌成马牙槎,马牙槎应先退后进,位置正确,施工中不得任意弯折。

1)抽检数量　每检验批抽 20%构造柱,且不少于 3 处。

2)检验方法　观察检查。

3)合格标准　钢筋竖向移位不应超过 100 mm,每一马牙槎沿高度方向尺寸不应超过 300 mm。钢筋竖向位移和马牙槎尺寸偏差每一构造柱不应超过 2 处。

(4)构造柱位置及垂直度的允许偏差应符合表 6.7 规定。抽检数量:每检验批抽 10%,且不应小于 5 处。

表 6.7　构造柱位置及垂直度的允许偏差

<table>
<tr><th>项次</th><th colspan="3">项目</th><th>允许偏差/mm</th><th>检验方法</th></tr>
<tr><td>1</td><td colspan="3">柱中心位置</td><td>10</td><td>用经纬仪和尺检查或用其他测量仪器检查</td></tr>
<tr><td>2</td><td colspan="3">柱层间错位</td><td>8</td><td>用经纬仪和尺检查或用其他测量仪器检查</td></tr>
<tr><td rowspan="3">3</td><td rowspan="3">柱垂直度</td><td colspan="2">每层</td><td>10</td><td>用 2 m 托线板检查</td></tr>
<tr><td rowspan="2">全高</td><td>≤10 m</td><td>15</td><td rowspan="2">用经纬仪、吊线和尺检查,或用其他测量仪器检查</td></tr>
<tr><td>>10 m</td><td>20</td></tr>
</table>

(5)对配筋混凝土小型空心砌块砌体,芯柱混凝土应在装配式楼盖处贯通,不得削弱芯柱截面尺寸。

1)抽检数量　每检验批抽 10%,且不应少于 5 处。

2)检验方法　观察检查。

三、一般项目

(1)设置在砌体水平灰缝内的钢筋,应居中置于灰缝中。水平灰缝厚度应大于钢筋直径

4 mm以上。砌体外露面砂浆保护层的厚度不应小于15 mm。

1)抽检数量　每检验批抽检3个构件,每个构件检查3处。

2)检验方法　观察检查,辅以钢尺检测。

(2)设置在潮湿环境或有化学侵蚀性介质的环境中的砌体灰缝内的钢筋应采取防腐措施。

1)抽检数量　每检验批抽检10%的钢筋。

2)检验方法　观察检查。

3)合格标准　防腐涂料无漏刷(喷浸),无起皮脱落现象。

(3)网状配筋砌体中,钢筋网及放置间距应符合设计规定。

1)抽检数量　每检验批抽10%,且不应少于5处。

2)检验方法　钢筋规格检查钢筋网成品,钢筋网放置间距局部剔缝观察,或用探针刺入灰缝内检查,或用钢筋位置测定仪测定。

3)合格标准　钢筋网沿砌体高度位置超过设计规定一皮砖厚不得多于1处。

(4)组合砖砌体构件,竖向受力钢筋保护层应符合设计要求,距砖砌体表面距离不应小于5 mm;拉结筋两端应设弯钩,拉结筋及箍筋的位置应正确。

1)抽检数量　每检验批抽检10%,且不应少于5处。

2)检验方法　支模前观察与尺量检查。

3)合格标准　钢筋保护层符合设计要求;拉结筋位置及弯钩设置80%及以上符合要求,箍筋间距超过规定者,每件不得多于2处,且每处不得超过一皮砖。

(5)配筋砌块砌体剪力墙中,采用搭接接头的受力钢筋搭接长度不应小于35 d,且不应少于300 mm。

1)抽检数量　每检验批每类构件抽20%(墙、柱、连梁),且不应少于3件。

2)检验方法　尺量检查。

(6)钢筋安装位置的允许偏差及检验方法应符合表6.8规定。

表6.8　钢筋安装位置的允许偏差及检验方法

项次	项目		允许偏差/mm	检验方法
1	受力钢筋保护层厚度	网状配筋砌体	±10	检查钢筋网成品,钢筋网放置位置,局部剔缝观察或用探针刺入灰缝内检查,或用钢筋位置测定仪测定
		组合砖砌体	±5	支模前观察与尺量检查
		配筋小砌块砌体	±10	浇筑混凝土前观察与尺量检查
2	配筋小砌块砌体墙凹槽中水平钢筋间距		±10	钢尺量连续三档,取最大值

第六节　填充墙砌体工程质量标准及检验

一、施工质量控制要点

填充墙砌体施工质量控制

(1)房屋建筑采用空心砖、蒸压加气混凝土砌块、轻集料混凝土小型空心砖块等砌筑填充墙时，为了有效控制砌体收缩裂缝和保证砌体强度，蒸压加气混凝土砌块、轻集料混凝土小型空心砌块砌筑时，其产品龄期应超过 28 d。

(2)空心砖、蒸压加气混凝土砌块、轻集料混凝土小型空心砌块等在运输、装卸过程中，严禁抛掷和倾倒。进场后应按品种、规格分别堆放整齐，堆置高度不宜超过 2 m。加气混凝土砌块应防止雨淋。

(3)填充墙砌体砌筑前块材应提前 2 d 浇水润湿。蒸压加气混凝土砌块砌筑时，应向砌筑面适量浇水。

(4)用轻集料混凝土小型空心砌块或蒸压加气混凝土砌块砌筑墙体时，墙底部应砌烧结普通砖或多孔砖，或普通混凝土小型空心砌块，或现浇混凝土坎台等，其高度不宜小于 200 mm。

二、主控项目

(1)砖、砌块和砌筑砂浆的强度等级应符合设计要求。

(2)检验方法：检查砖或砌块的产品合格证书、产品性能检测报告和砂浆试块试验报告。

三、一般项目

(1)填充墙砌体一般尺寸的允许偏差应符合表 6.9 的规定。

填充墙砌体施工质量检验方法

表 6.9　填充墙砌体一般尺寸的允许偏差

项次	项目		允许偏差/mm	检验方法
1	轴线位移		10	用尺检查
	垂直度	≤3 m	5	用 2 m 托线板或吊线、尺检查
		>3 m	10	
2	表面平整度		8	用 2 m 靠尺和楔形塞检查
3	门窗洞口高、宽(后塞口)		5	用尺检查
4	外墙上下窗口偏移		20	用经纬仪或吊线检查

抽检数量：

1)对表中 1,2 项，在检验批的标准间中随机抽查 10%，但不应少于 3 间；大面积房间和楼道按两个轴线或每 10 延长米按一标准间计数。每间检验不应少于 3 处。

2)对表中3,4项,在检验批中抽检10%,且不应少于5处。

(2)蒸压加气混凝土砌块砌体和轻集料混凝土小型空心砌块砌体不应与其他块材混砌。

1)抽检数量　在检验批中抽检20%,且不应少于5处。

2)检验方法　外观检查。

(3)填充墙砌体的砂浆饱满度及检验方法应符合现行标准的规定。

抽检数量　每步架子不少于3处,且每处不应少于3块。

(4)填充墙砌体留置的拉结钢筋或网片的位置应与块体皮数相符合。拉结钢筋或网片应置于灰缝中,埋置长度应符合设计要求,竖向位置偏差不应超过一皮高度。

1)抽检数量　在检验批中抽检20%,且不应少于5处。

2)检验方法　观察和用尺检查。

(5)填充墙砌筑时应错缝搭砌,蒸压加气混凝土砌块搭砌长度不应小于砌块长度的1/3;轻集料混凝土小型空心砌块搭砌长度不应小于90 mm;竖向通缝不应大于两皮。

1)抽检数量　在检验批的标准间中抽查10%,且不应少于3间。

2)检验方法　观察和用尺检查。

(6)填充墙砌体的灰缝厚度和宽度应准确。空心砖、轻集料混凝土小型空心砌块的砌体灰缝应为8~12 mm。蒸压加气混凝土砌块砌体的水平灰缝厚度及竖向灰缝宽度分别宜为15 mm和20 mm。

1)抽检数量　在检验批的标准间中抽查10%,且不应少于3间。

2)检验方法　用尺量五皮空心砖或小砌块的高度和2 m砌体长度折算。

(7)填充墙砌至接近梁、板底时,应留一定空隙,待填充墙砌筑完并应至少间隔7 d后,再将其补砌挤紧。

1)抽检数量　每检验批抽10%填充墙片(每两柱间的填充墙为一墙片),且不应少于3片墙。

2)检验方法　观察检查。

第七章 砌体构件计算

近年来发生的地震多为超设防烈度大震，部分砌体结构房屋在震区开裂，甚至倒塌，除与砌体结构材料为脆性，抵抗变形能力低有关外，也与砌体房屋的整体布置及结构计算准确可靠性有关。本章较系统地论述了砌体结构的设计和计算方法，主要有墙柱高厚比验算、墙体全截面受压承载力计算、墙体局部受压承载力计算。

第一节 墙柱高厚比验算

高厚比的验算

高厚比是指墙、柱的计算高度 H_0 和墙厚（或柱边长）h 的比值，用 β 表示。墙柱的高厚比过大，可能在施工砌筑阶段因过度的偏差、倾斜、鼓肚等现象以及施工和使用过程中出现的偶然撞击、震动等因素丧失稳定性。同时还应考虑到使用阶段在荷载作用下墙体应具有的刚度，不应发生影响正常使用的过大变形，可以认为高厚比验算是保证墙柱正常使用极限状态的构造规定。

墙、柱的允许高厚比验算与墙柱的承载力计算无关。

墙、柱的允许高厚比是从构造上给予规定的限值，墙、柱的允许高厚比见表 7.1。

表 7.1 墙、柱的允许高厚比 [β] 值

砂浆强度等级	墙	柱
M2.5	22	15
M5	24	16
≥M7.5	26	17

注：1.毛石墙、柱允许高厚比应按表中数值降低 20%。

2.组合砖砌体构件的允许高厚比可按表中数值提高 20%但不得大于 28%。

3.验算施工阶段砂浆尚未硬化的新砌体高厚比，允许高厚比对墙取 14，对柱取 11。

应当指出，影响允许高厚比的因素比较复杂，很难用理论推导的公式确定，《砌体结构设计规范》规定的允许高厚比限值是根据我国的实践经验确定的，它实际上也反映了在一定时期内的材料质量和施工的技术水平。

墙柱高厚比应按下式验算：

$$\beta=\frac{H_0}{h}\leqslant\mu_1\mu_2[\beta]$$

式中 μ_1——非承重墙允许高厚比的修正系数；

μ_2——有门窗洞口墙允许高厚比的修正系数；

h——墙厚或矩形柱与 H_0 相对应的边长；

H_0——墙柱的计算高度，受压构件的计算高度取值见表 7.2。

厚度<240 mm 的非承重墙，允许高厚比应乘以下列提高系数 μ_1：$h=240$ mm，$\mu_1=1.2$；$h=90$ mm，$\mu_1=1.5$；90 mm<h<240 mm，按插入法取值。

μ_2 按下式确定：

$$\mu_2=1-0.4\frac{b_s}{S}$$

式中 b_s——在宽度 s 范围内的门窗洞口宽度；

S——相邻窗间墙或壁柱之间的距离。

表 7.2 受压构件的计算高度

房屋类别			柱		带壁柱墙或周边拉结的墙		
			排架方向	垂直排架方向	$S>2H$	$H<S\leqslant 2H$	$S\leqslant H$
有吊车的单层房屋	变截面柱上段	弹性方案	$2.5\ H_U$	$1.25\ H_U$	$2.5\ H_U$		
		刚弹性方案	$2.0\ H_U$	$1.25\ H_U$	$2.0\ H_U$		
	变截面柱下段		$1.0\ H_L$	$0.8\ H_L$	$1.0\ H_L$		
无吊车的单层和多层房屋	单跨	弹性方案	$1.5\ H$	$1.0\ H$	$1.5\ H$		
		刚弹性方案	$1.2\ H$	$1.0\ H$	$1.2\ H$		
	双跨或多跨	弹性方案	$1.25\ H$	$1.0\ H$	$1.25\ H$		
		刚弹性方案	$1.1\ H$	$1.0\ H$	$1.1\ H$		
	刚性方案		$1.0\ H$	$1.0\ H$	$1.0\ H$	$0.4\ S+0.2\ H$	$0.6\ S$

砌体结构房屋静力计算根据房屋的空间工作性能划分为表 7.3 所示的刚性方案、刚弹性方案和弹性方案。

表 7.3 砌体房屋静力计算方案

屋盖或楼盖类别		刚性方案	刚弹性方案	弹性方案
1	整体式、装配整体式和装配式无檩体系钢筋混凝土屋盖或钢筋混凝土楼盖	$S<32$	$32\leqslant S\leqslant 72$	$S>72$
2	装配式有檩体系钢筋混凝土屋盖、轻钢屋盖和密铺望板的木屋盖和木楼盖	$S<20$	$20\leqslant S\leqslant 48$	$S>48$
3	瓦材屋面木屋盖和轻钢屋盖	$S<16$	$16\leqslant S\leqslant 36$	$S>36$

例 7.1　某混合结构房屋底层砖柱高度为 4.2 m，室内承重砖柱截面尺寸为 370 mm×490 mm，采用 M2.5 混合砂浆砌筑。房屋静力计算方案为刚性方案（$H_0 = 1.0\ H$），试验算砖柱的高厚比是否满足要求（砖柱自室内地面至基础顶面距离为 500 mm）。

解：（1）砖柱计算高度

由于房屋的静力计算方案为刚性方案，查表 7.2 可知砖柱的计算高度为

$H_0 = 1.0H = 1.0\times(4.2+0.5) = 4.7(\text{m})$

（2）砖柱允许高厚比

当砂浆强度等级为 M2.5 时，查表 7.1 可知砖柱的允许高厚比$[\beta] = 15$

同时有 $\mu_1 = 1$（承重砖柱），$\mu_2 = 1$（无洞口）

（3）砖柱高厚比验算

$$\beta = \frac{H_0}{h} = \frac{4700}{370} \approx 12.7 < \mu_1\mu_2[\beta] = 1\times1\times15 = 15$$

结论：此砖柱的高厚比满足要求。

例 7.2　某教学楼平面如图 7.1 所示。

该教学楼采用纵横墙承重方案。预制板搁置在纵墙上横墙最大间距为 10.15 m。外墙厚 370 mm，内墙厚 240 mm。墙体一律采用 MU10 烧结空心砖和 M5 混合砂浆砌筑。试验算 A 轴线和 2 轴线墙体高厚比。

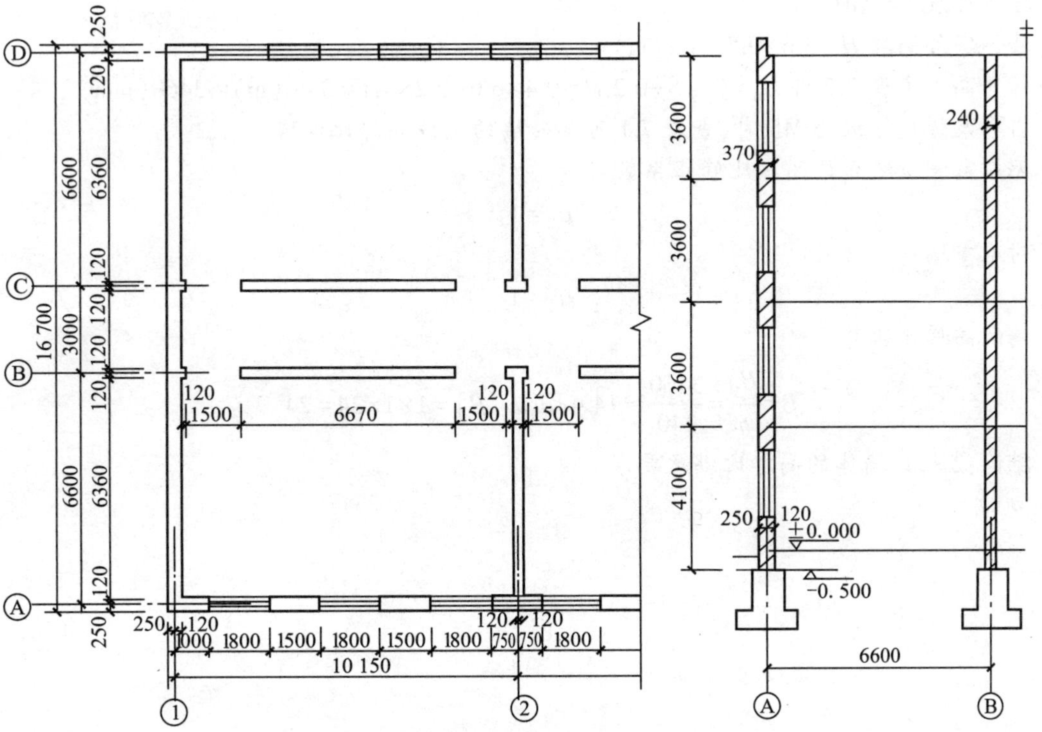

图 7.1　例 7.2 图

解:(1)确定该建筑物静力计算方案

横墙最大间距 $S=10.15\text{ m}<32\text{ m}$,按表 7.3 中规定该建筑物为刚性方案房屋

(2)A 轴线墙体高厚比验算

墙体厚度 $h=370\text{ mm}$

墙体实际高度 $H=3.6+0.5=4.1(\text{m})$

计算高度查表 7.2 得 $H_0=4.1\text{ m}=4100\text{ mm}$

当砂浆强度等级为 M5 时,查表 7.1 可知砖墙的允许高厚比 = 24

有门窗洞口墙允许高厚比修正系数为

$$\mu_2=1-0.4\frac{b_s}{S}=1-0.4\times\frac{1.8}{1.8+2\times\frac{1.5}{2}}\approx0.78>0.7$$

对承重墙

$$\mu_1=1$$

墙的高厚比验算:

$$\beta=\frac{H_0}{h}=\frac{4100}{370}\approx11.08<\mu_1\mu_2[\beta]=1\times0.78\times24=18.72$$

结论:A 轴线墙体的高厚比满足要求。

(3)2 轴线墙体高厚比验算

墙体厚度 $h=240\text{ mm}$

墙体实际高度 $H=3.6+0.5=4.1(\text{m})$

计算高度查表 7.2 得 $H_0=0.4\ S+0.2\ H=0.4\times6.6+0.2\times4.1=3.46(\text{m})=3460(\text{mm})$

当砂浆强度等级为 M5 时,查表 7.1 可知砖墙的允许高厚比 = 24

无门窗洞口墙允许高厚比修正系数为

$$\mu_2=1$$

对承重墙

$$\mu_1=1$$

墙的高厚比验算:

$$\beta=\frac{H_0}{h}=\frac{3460}{240}\approx14.4<\mu_1\mu_2[\beta]=1\times1\times24=24$$

结论:2 轴线墙体的高厚比满足要求。

第二节　墙体全截面受压承载力计算

1.矩形截面墙、柱全截面受压承载力计算(图 7.2)

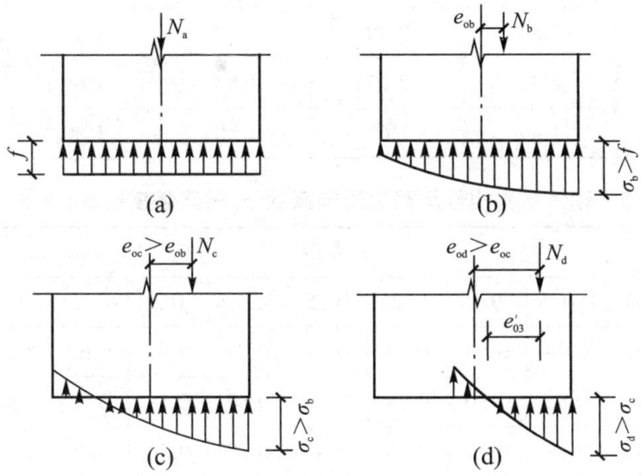

图 7.2　砌体受压时截面应力的变化

墙体全截面受压承载力计算

无筋砌体在轴心压力作用下,砌体在破坏阶段截面的应力是均匀分布的。构件承载力达到极限值 N_u 时,截面中的应力值达到砌体的抗压强度 f_u。

当轴向压力偏心距较小时,截面虽全部受压,但应力分布不均匀,破坏将发生在压应力较大的一侧,且破坏时该侧边缘压应力较轴心受压破坏时的应力稍大。当轴向力的偏心距进一步增大时,受力较小边将出现拉应力,此时如应力未达到砌体的通缝抗拉强度,受拉边不会开裂。如偏心距再增大,受拉侧将较早开裂,此时只有砌体局部的受压区压应力与轴向力平衡。

砌体虽然是一个整体,但由于有水平砂浆层且灰缝数量较多,砌体的整体性受到影响,因而砖砌体构件受压时,纵向弯曲对构件承载力的影响较其他整体构件(如素混凝土构件)显著。此外,对于偏心受压构件,还必须考虑在偏心压力作用下附加偏心距的增大和截面塑性变形等因素的影响。《砌体结构设计规范》(GB 50924—2014)在试验研究的基础上,确定把轴向力的偏心距和构件的高厚比对受压构件承载力的影响采用同一系数 φ 来考虑,同时轴心受压构件可视为偏心受压构件的特例,即视轴心受压构件为偏心距 $e=0$ 的偏心受压构件,因此砌体受压构件的承载力(包括轴心受压与偏心受压)即可按下式计算:

$$N \leqslant \varphi f A$$

式中　N——荷载设计值产生的轴向力;

φ——高厚比 β 和偏心距 e 对受压构件承载力的影响系数,按表 7.5 取值;

f——砌体抗压强度设计值,烧结普通砖和烧结多孔砖砌体的抗压强度设计值,按表 7.4 取值;

A——截面面积。

表 7.4 烧结普通砖和烧结多孔砖砌体的抗压强度设计值 f

砖强度等级	砂浆强度等级					砂浆强度/MPa
	M15	M10	M7.5	M5	M2.5	0
MU30	3.94	3.27	2.93	2.59	2.26	1.15
MU25	3.60	2.98	2.68	2.37	2.06	1.05
MU20	3.22	2.67	2.39	2.12	1.84	0.94
MU15	2.79	2.31	2.07	1.83	1.60	0.82
MU10	—	1.89	1.69	1.50	1.30	0.67

表 7.5 砌体结构构件承载力影响系数 φ(砂浆强度等级≥M5)

β	e/h 或 e/h_T												
	0	0.025	0.05	0.075	0.1	0.125	0.15	0.175	0.2	0.225	0.25	0.275	0.3
≤3	1	0.99	0.97	0.94	0.89	0.84	0.79	0.73	0.68	0.62	0.57	0.52	0.48
4	0.98	0.95	0.90	0.85	0.80	0.74	0.69	0.64	0.58	0.53	0.49	0.45	0.41
6	0.95	0.91	0.86	0.81	0.75	0.69	0.64	0.59	0.54	0.49	0.45	0.42	0.33
8	0.91	0.86	0.81	0.76	0.70	0.64	0.59	0.54	0.50	0.46	0.42	0.39	0.36
10	0.87	0.82	0.76	0.71	0.65	0.60	0.55	0.50	0.46	0.42	0.39	0.36	0.33

对矩形截面构件,当轴向力偏心方向的截面边长大于另一方向边长时,除按偏心受压计算外,还应对较小边长方向按轴心受压验算。

当轴向力偏心距 e 很大时,截面受拉区水平裂缝将显著展开,受压区面积显著减小,构件的承载能力大大降低。考虑到经济性和合理性,《砌体结构设计规范》规定按荷载的标准值计算轴向力的偏心距 e,并不超过 $0.6y$(y 为截面重心到轴向力所在偏心方向截面边缘的距离)。

例 7.3 截面为 490 mm×620 mm 的砖柱,采用强度等级为 MU10 烧结多孔砖及强度等级为 M5 的混合砂浆砌筑,施工质量等级为 B 级,刚性计算方案,柱的高度 $H=5$ m,承受轴心压力设计值 $N=250$ kN(包括柱自重),试验算柱底截面是否安全。

解:(1)确定所有砌体材料的抗压强度设计值

本砖柱采用 MU10 烧结多孔砖及 M5 混合砂浆砌筑。由表 7.4 查得砌体抗压强度设计值

$$f=1.50\ \text{MPa}=1.50\ \text{N/mm}^2$$

(2)计算构件的承载力影响系数

由刚性计算方案的柱,查表 7.2 可知 $H_0=1.0\ H=5.0\ \text{m}=5000\ \text{mm}$

由公式

$$\beta=\gamma_\beta\frac{H_0}{h}=1.0\times\frac{5000}{490}\approx 10.204$$

相应可得 $\varphi=0.865$

(3)计算砖柱的抗压承载力

$$N_u \leqslant \varphi fA = 0.865 \times 1.50 \times 0.3942 \times 10^6 = 511.47\ \text{kN}$$

(4)验算砖柱的抗压承载力是否满足要求

已知,$N=250$ kN

由 $N \leqslant N_u$ 可知,柱底截面是安全的。

例 7.4　截面为尺寸 1000 mm×240 mm 的窗间墙采用强度等级为 MU20 的蒸压粉煤灰砖砌筑,水泥砂浆强度等级为 M7.5。施工质量控制等级为 B 级,墙的计算高度 $H_0=3.75$ m,承受的轴心压力设计值 $N=120$ kN。荷载的偏心距为 60 mm(沿短边方向),计算窗间墙承载力是否满足要求。

解:(1)确定所用砌体材料的抗压强度设计值

本窗间墙采用 MU20 的蒸压粉煤灰砖及 M7.5 水泥砂浆砌筑,由表 7.4 可查得砌体抗压强度设计值为

$$f = 2.39\ \text{MPa} = 2.39\ \text{N/mm}^2$$

由 $A=1000\times240=240\ 000\ \text{mm}^2=0.24\ \text{m}^2<0.3\ \text{m}^2$ 得修正系数为

$$\gamma_{a_1} = 0.7 + A = 0.7 + 0.24 = 0.94$$

又由采用水泥砂浆,修正系数 $\gamma_{a_2}=0.9$

则修正后的砌体抗压强度为 $f=0.94\times0.9\times2.39\approx2.02(\text{N/mm}^2)$

(2)计算构件的承载力影响系数

由公式

$$\beta = \gamma_\beta \frac{H_0}{h} = 1.2 \times \frac{3750}{240} = 18.75$$

$$\frac{e}{h} = \frac{60}{240} = 0.25$$

$$\frac{e}{y} = \frac{60}{120} = 0.5 < 0.6$$

由表 7.5 可得 $\varphi=0.283$

(3)计算窗间墙的抗压承载力

由公式 $N_u \leqslant \varphi fA = 0.283\times2.02\times0.24\times10^6 = 137.20(\text{kN})$

(4)验算窗间墙的抗压承载力是否满足要求

已知,$N=120$ kN

由 $N \leqslant N_u$ 可知,窗间墙截面是安全的。

2.带壁柱墙体的全截面受压承载力计算

对各类砌体的截面受压承载力均可按毛截面计算;对带壁柱墙,其翼缘宽度 b_f 按如下规定采用:对多层房屋,当有门窗洞口时可取窗间墙宽度,当无门窗洞口时可取相邻壁柱间距离;对单层房屋,取 $b_f=b+2/3h$(b 为壁柱宽度,h 为墙高),但不大于窗间墙宽度和相邻壁柱间距离;计算带壁柱墙的条形基础时,可取相邻壁柱间距离。

墙、柱的高厚比 β 是衡量砌体长细程度的指标,它等于墙、柱计算高度 H_0 与其厚度之

比：对矩形截面，$\beta=H_0/h$；对T形截面，$\beta=H_0/h_T$。

式中 H_0——受压构件的计算高度；

h——矩形截面轴向力偏心方向的边长，当轴心受压时为截面较小边边长；

h_T——T形截面的折算厚度，可近似取$3.5i$计算；

i——T形截面的回转半径。

例7.5 带壁柱砖墙，采用强度等级为MU10烧结多孔砖及强度等级为M7.5混合砂浆砌筑，施工质量等级为B级，计算高度$H_0=5$ m，计算当轴向力作用于该墙截面重心O点及A点时的承载力（见图7.3）。

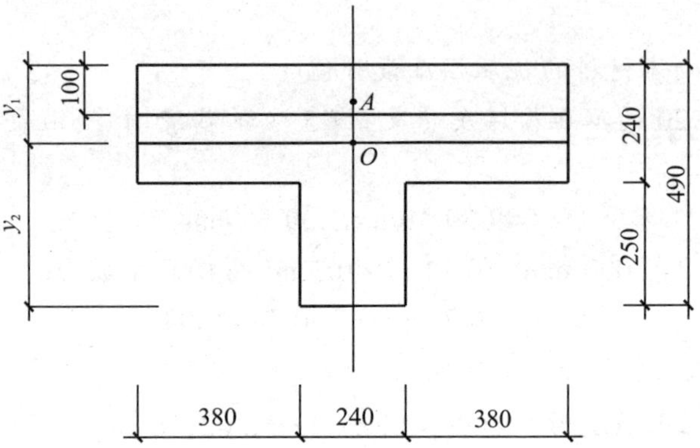

图7.3 带壁柱砖墙截面图

解：(1)截面几何特征计算

截面面积$A=1\times0.24+0.24\times0.25=0.3(\text{m}^2)$

取$\gamma_a=1.0$

截面重心位置

$$y_1=\frac{1\times0.24\times0.12+0.24\times0.25\times0.365}{0.3}=169(\text{mm})$$

$$y_2=0.49-0.169=0.321(\text{m})=321(\text{mm})$$

截面惯性矩：

$$I=\frac{1\times0.24\times0.24\times0.24}{12}+1\times0.24\times(0.169-0.12)\times(0.169-0.12)+$$

$$\frac{0.24\times0.25\times0.25\times0.25}{12}+0.24\times0.25\times(0.321-0.125)\times(0.321-0.125)=0.004\ 34(\text{m}^4)$$

截面回转半径$i=\sqrt{I/A}=\sqrt{0.004\ 34/0.3}=120(\text{mm})$

T形截面折算厚度$h_T=3.5i=3.5\times0.12=0.42(\text{m})=420(\text{mm})$

(2)确定所用砌体材料的抗压强度设计值

本砖柱采用强度等级为MU10烧结多孔砖及强度等级为M7.5混合砂浆砌筑。根据烧结多孔砖强度等级和混合砂浆强度等级，由表7.4查得砌体抗压强度设计值为$f=1.69$ N/mm²。

(3)轴向力作用于 O 点时的抗压承载力

计算构件的承载力影响系数(其中 $\gamma_\beta=1.0$)

由公式:

$$\beta=\gamma_\beta\frac{H_0}{h_T}=1\times\frac{5000}{420}\approx 11.90$$

查表 7.5 得:$\varphi=0.823$

由公式 $N_u=\varphi fA=0.823\times1.69\times0.3\times10^6=417.3(\text{kN})$

轴向力作用于 O 点时的抗压承载力 $N_u=417.3\ \text{kN}$

(4)轴向力作用于 A 点时的抗压承载力

计算构件的承载力影响系数(其中 $\gamma_\beta=1.0$)

$e=169-100=69\ \text{mm}<0.6\ y_1=0.6\times169=101.4(\text{mm})$

$$\frac{e}{h_T}=\frac{69}{420}\approx 0.164$$

由公式:

$$\beta=\gamma_\beta\frac{H_0}{h_T}=1\times\frac{5000}{420}\approx 11.90$$

查表 7.5 得:$\varphi=0.489$

由公式 $N_u=\varphi fA=0.489\times1.69\times0.3\times10^6=247.9(\text{kN})$

轴向力作用于 A 点时的抗压承载力 $N_u=247.9\ \text{kN}$

第三节　墙体局部受压承载力计算

1.墙体局部均匀受压的计算

压力仅作用在砌体的部分面积上的受力状态称为局部受压。

如在砌体局部受压面积上的压应力呈不均匀分布,则为砌体的局部不均匀受压(见图 7.4)。

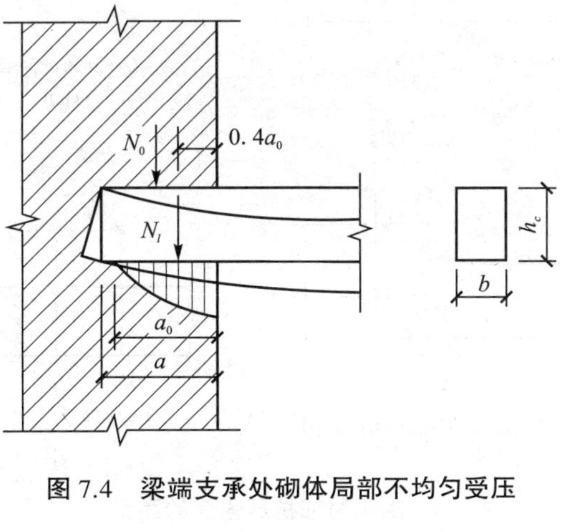

图 7.4　梁端支承处砌体局部不均匀受压

墙体局部受压承载力计算

直接位于局部受压面积下的砌体，因其横向应变受到周围砌体的约束，所以该受压面上的砌体局部抗压强度比砌体的全截面受压时的抗压强度高。但由于作用于局部面积上的压力很大，如不准确进行验算，则有可能成为整个结构的薄弱环节而造成破坏。

砌体截面中受局部均匀压力时的承载力按下式计算：

$$N_t \leqslant \gamma f A_l$$

式中 N_t——局部受压面积上轴向力设计值；

γ——砌体局部抗压强度提高系数；

f——砌体的抗压强度设计值，局部受压面积小于 0.3 m^2，可不考虑强度调整系数 γ_a 的影响；

A_l——局部受压面积。

砌体的局部抗压强度提高系数 γ 按下式计算：

$$\gamma = 1+0.35\sqrt{\frac{A_0}{A_l}-1}$$

式中 A_0——影响砌体局部抗压强度的计算面积。

按下列规定采用：

(1)图 7.5(a)：$A_0=(a+c+h)h$，$\gamma \leqslant 2.5$；

(2)图 7.5(b)：$A_0=(b+2h)h$，$\gamma \leqslant 2.0$；

(3)图 7.5(c)：$A_0=(a+h)h+(b+h_1-h)h_1$，$\gamma \leqslant 1.5$；

(4)图 7.5(d)：$A_0=(a+h)h$，$\gamma \leqslant 1.25$。

其中 a，b——矩形局部受压面积 A_l 的边长；

h，h_1——墙厚或柱的较小边长；

c——矩形局部受压面积的外边缘至构件边缘的较小距离，当大于 h 时，应取 h。

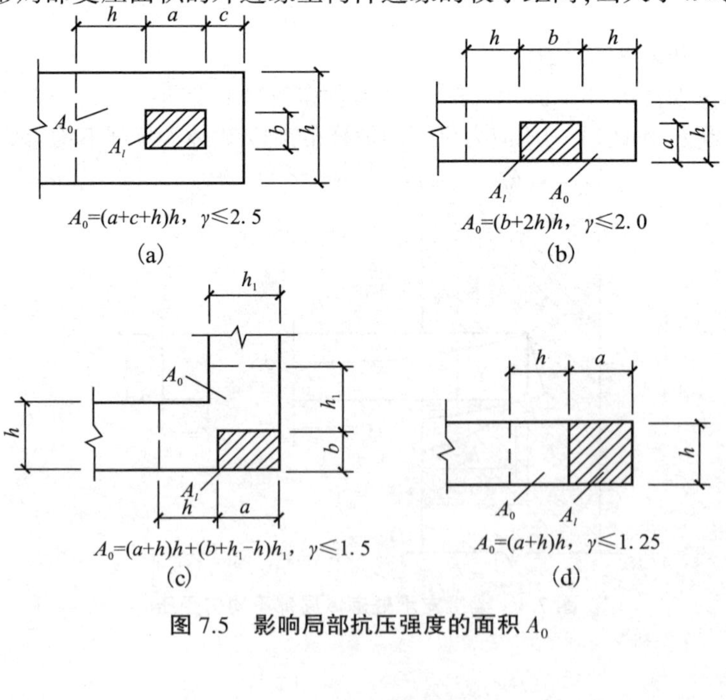

图 7.5 影响局部抗压强度的面积 A_0

例 7.6　截面为 200 mm×240 mm 的钢筋混凝土柱支撑在砖墙上，墙厚 240 mm，采用强度等级为 MU10 烧结普通砖及强度等级为 M5 混合砂浆砌筑，柱传至墙的轴向力设计值 $N=$ 100 kN，试进行砌体局部受压验算。

解：(1)砌体局部抗压强度提高系数

局部受压面积 $A_l=200\times240=48\ 000(\text{mm}^2)$

影响砌体局部受压强度的计算面积

$$A_0=(b+2h)h=(200+2\times240)\times240=163\ 200(\text{mm}^2)$$

砌体局部抗压强度提高系数

$$\gamma=1+0.35\sqrt{\frac{A_0}{A_l}-1}=1+0.35\sqrt{\frac{163\ 200}{48\ 000}-1}=1.54$$

又由 MU10 烧结普通砖及 M5 混合砂浆，查得砌体抗压强度设计值

$$f=1.50\ \text{MPa}$$

(2)砌体的局部受压承载力

$$\gamma fA_l=1.54\times1.50\times48\ 000=110.88(\text{kN})$$

(3)验算砌体的局部受压承载力是否满足要求

已知 $N=100$ kN

由 $N_l\leqslant\gamma fA_l$ 可知，柱下砌体的局部受压承载力满足要求。

2.梁端支承处墙体局部受压的计算

当梁端支承处砌体局部受压时，其压应力的分布是不均匀的。同时，由于梁端的转角以及梁的抗弯刚度与砌体压缩刚度的不同，梁端的有效支承长度可能小于梁的实际支承长度(见图 7.4)。

梁端支承处砌体局部受压计算中，除应考虑由梁传来的荷载外，还应考虑局部受压面积上由上部荷载设计值产生的轴向力，但由于支座下砌体的压缩以致梁端顶部与上部砌体脱开，而形成内拱作用，所以计算时要对上部传下的荷载进行适当的折减。梁端支承处砌体的局部受压承载力应按下式计算：

$$\psi N_0+N_l\leqslant\eta\gamma fA_l$$

式中　ψ——上部荷载的折减系数，$\psi=1.5-0.5\times A_0/A_l$，当 $A_0/A_l\geqslant3$，取 $\psi=0$；

N_0——局部受压面积内上部轴向力设计值，$N_0=\sigma_0A_l$，σ_0 为上部平均压应力设计值；

η——梁端底面积应力图形的完整系数，一般可取 0.7，对于过梁和墙梁可取 1.0；

A_l——局部受压面积，$A_l=a_0b$，b 为梁宽，a_0 为梁端有效支承长度。

其余符号意义同前。

当梁直接支承在砌体上时，梁端有效支承长度可按下式计算：

$$a_0=10\sqrt{\frac{h_c}{f}}$$

式中　a_0——梁端有效支承长度，当 $a_0>a$ 时，应取 $a_0=a$，mm；

h_c——梁的截面高度，mm；

f——砌体的抗压强度设计值，MPa。

第八章 砌体结构工程季节性施工

砌体工程大多是露天作业，直接受到气候变化的影响。砌筑工程在正常气温时期，通常只按照常规的施工方法进行施工，没有特殊要求和技术措施；而在气温较低的冬期、多雨的时节、炎夏和台风时期，由于天气变化的客观因素，则在施工中要采取一定的技术措施，才能保证砌筑工程的质量。

第一节 冬期施工

《砌体工程施工质量验收规范》(GB 50203—2002)规定，当室外日平均气温连续5 d稳定低于5 ℃时，或日最低气温低于0 ℃时，砌筑施工应采用冬期施工措施。

冬期砌筑突出的问题是砂浆遭受冰冻，砂浆中的水在0 ℃以下结冰，使水泥不能充分进行“水化”反应，砂浆不能凝固，失去胶结能力而不具有强度，砌体强度降低，或砂浆解冻后砌体出现沉降。冬期施工方法，就是要采取有效措施，使砂浆达到早期强度，既保证砌筑在冬期能正常施工又保证砌体的质量。

一、冬期施工的一般规定

1.冬期施工的特点和原则

(1)冬期施工的特点

1)冬期施工是质量事故的多发期。

2)冬期施工发现质量事故呈滞后性。

3)冬期施工技术要求高，能源消耗多，施工费用要增加。

(2)冬期施工的原则

保证质量，节约能源，降低费用，确保工期。

2.砌体工程冬期施工的一般要求

(1)砌筑材料的要求

1)砌体用砖或其他块材不得遭水浸受冻，砌筑前应清除表面污物、冰雪等，不得使用遭水浸和受冻后的砖或砌块。

2)砂浆宜优先采用普通硅酸盐水泥制。

3)石灰膏和电石膏等应防止受冻。如遭冻结,应经融化后方可使用;受冻而脱水风化的石灰膏不可使用。

4)拌制砂浆所用的砂,不得含有冰块和直径大于10 mm冻结块。

5)拌和砂浆时,宜采用两步投料法。水的温度不得超过80 ℃,砂的温度不得超过40 ℃,当水温过高时,应将水和砂先行搅拌,再加水泥,以防出现假凝现象。

(2)冬期砌筑的技术要求

1)做好冬期施工的技术准备工作,如搭设搅拌机保温棚,对使用的水管进行保温;准备保温材料(如草帘等),购置抗冻掺加剂(如氯化钠、氯化钙);必要时,砌筑工地烧热水的简易炉灶和烧热水用的燃料等。

2)普通砖、多孔砖和空心砖在气温高于0 ℃条件下砌筑时,应适当浇水润湿;在气温低于0 ℃条件下砌筑时,可不浇水,但必须增大砂浆稠度。抗震设计为9度的建筑物,普通砖、多孔砖和空心砖无法浇水润湿时,不得砌筑。加气混凝土砌块承重墙体及围护外墙不宜冬期施工。

3)普通砖、灰砂砖、免烧砖等砖砌体应采用“三一”砌筑法砌筑,灰缝不应大于10 mm。

4)砖墙应采用一顺一丁或梅花丁组砌方式。

5)基土不冻胀时,基础可在冻结的地基上砌筑;地基土有冻胀性时,必须在未冻的地基上砌筑。在施工时和回填土之前,均应防止地基土遭受冻结。

6)每日砌筑后应及时在砌体表面覆盖保温材料,砌体表面不得留有砂浆。在继续砌筑前,应扫净砌体表面,然后再施工。

7)冬期砌筑工程应进行质量控制,在施工日志中除应按常规要求记录外,尚应记录室外空气温度、暖棚温度、砌筑时砂浆温度、外加剂掺量以及其他有关资料。

8)砂浆试块的留置,除应按常温规定要求外,尚应增设不少于两组与砌体同条件养护的试块,分别用于检验各龄期强度和转入常温28 d的砂浆强度。

二、砌体结构工程冬期施工方法

砌体结构工程的冬期施工方法,依室外气温可选用外加剂法、冻结法、暖棚法等。

1.外加剂法

在砌筑砂浆内掺入一定数量的抗冻外加剂,降低水溶液的冰点,以保证砂浆中有液态水存在,使水化反应在一定负温下不间断进行,砂浆强度在负温条件下能够继续缓慢增长。同时,由于降低了砂浆中水的冰点,砖石砌体的表面不会立即结冰而形成冰膜,故砂浆和砖石砌体能较好地黏结。常用的抗冻化学剂,目前主要是氯化钠和氯化钙,其他还有亚硝酸钠、碳酸钾和硝酸钙等。外加剂法具有施工简便、施工费用低、货源易于解决等优点,所以在我国砖石砌体冬期施工中普遍采用。

(1)氯盐砂浆法

1)在砌筑砂浆内掺入氯盐(氯化钠、氯化钙)则成为氯盐砂浆,用氯盐砂浆砌筑称为氯盐砂浆法。单独掺加氯化钠的为单盐,同时掺加氯化钠和氯化钙的为双盐,双盐适用于气温

-15 ℃以下时。掺盐量与施工环境气温相关,不同气温条件下砂浆的掺盐量见表 8.1。

表 8.1 掺盐砂浆的掺盐量

<table>
<tr><th>项次</th><th colspan="3">日最低气温</th><th>≥-10 ℃</th><th>-11~-15 ℃</th><th>-16~-20 ℃</th><th><-20 ℃</th></tr>
<tr><td rowspan="2">1</td><td rowspan="2">单盐</td><td rowspan="2">氯化钠</td><td>砌砖</td><td>3</td><td>5</td><td>7</td><td>—</td></tr>
<tr><td>砌石</td><td>4</td><td>7</td><td>10</td><td>—</td></tr>
<tr><td rowspan="2">2</td><td rowspan="2">双盐</td><td>氯化钠</td><td rowspan="2">砌砖</td><td>—</td><td>—</td><td>5</td><td>7</td></tr>
<tr><td>氯化钙</td><td>—</td><td>—</td><td>2</td><td>3</td></tr>
</table>

注:1.掺盐量以无水盐计,掺量为水泥质量的百分比。
2.日最低气温低于 20 ℃时,砌石工程不宜施工。

2)氯盐砂浆使用时的温度不低于 5 ℃;当设计无要求,且日最低气温≤-15 ℃时,对砌筑承重砌体的砂浆强度应按常温施工时提高一级。

3)氯盐必须配制成规定浓度的水溶液,置于专用容器中,然后再按规定加入搅拌机中拌制成所需砂浆。不得干撒氯盐粉末。

4)氯盐砂浆中掺微沫剂时,应先加入氯盐溶液,后加入微沫剂溶液。

5)采用氯盐砂浆时,砌体中配置的钢筋及钢预埋件,应预先做好防腐处理。

6)砌体的每日砌筑高度,不宜超过 1.2 m。墙体留置的洞口,距交接墙处不应小于 50 cm。

7)氯盐砂浆不得在下列情况下采用:

①对装饰工程有特殊要求的建筑物;

②砌体结构处于潮湿环境的建筑物;

③配筋、预埋铁件无可靠的防腐处理措施的砌体;

④接近高压电线的建筑物(如变电所、发电站等);

⑤经常处于地下水变化范围内,而又没有防水措施的砌体。

(2)掺防冻剂法

掺防冻剂法是在砌筑砂浆中掺加防冻剂,防冻剂可选用亚硝酸钠、亚硝酸钙、硝酸钠、硝酸钙、尿素、碳酸钾等。

亚硝酸钠、亚硝酸钙、硝酸钠、硝酸钙的掺量不得大于水泥质量的 8%,尿素掺量不得大于水泥质量的 4%,碳酸钾掺量不得大于水泥质量的 10%。防冻剂量均不得大于掺合水质量的 20%。

采用掺防冻剂法施工应符合下列规定:

1)水泥宜用硅酸盐水泥或普通硅酸盐水泥。

2)砂必须清洁,不得含有冰、雪等冻结物及易冻裂的矿物质。

3)防冻剂应配制成水溶液,严格掌握防冻剂掺量。

4)气温低于-5 ℃时,可用热水拌和砂浆,水温高于 65 ℃时,热水应先与砂拌和,再加入水泥;气温低于 10 ℃时,砂可移入暖棚或采取加热措施。砂结冻成块时须加热,加热温度不得高于 65 ℃。

5）搅拌砂浆前，应用热水或蒸汽冲洗搅拌机，搅拌时间应比常温搅拌延长50%。

6）砂浆出机温度不得低于10 ℃。

7）砌体外露表面必须覆盖。

2.冻结法

冻结法是指采用不掺化学外加剂的普通水泥砂浆或水泥混合砂浆进行砌筑的一种冬期施工方法。

（1）冻结法的原理和适用范围

冻结法的砂浆在铺砌完后就受冻。受冻的砂浆可以获得较大的冻结强度，而且冻结的强度随气温降低而增高。但当气温升高而砌体解冻时，砂浆强度仍然等于冻结前的强度。当气温转正温后，水泥水化作用又重新进行，砂浆强度可继续增长。

冻结法允许砂浆在砌筑后遭受冻结，且在解冻后其强度仍可继续增长。所以对有保温、绝缘、装饰等特殊要求的工程和受力配筋砌体以及不受地震区条件限制的其他工程，均可采用冻结法施工。

冻结法施工的砂浆，经冻结、融化和硬化三个阶段后，砂浆强度、砂浆与砖石砌体间的黏结力都有不同程度的降低。砌体在融化阶段，由于砂浆强度接近于零，会增加砌体的变形和沉降。所以对下列结构不宜选用：

1）空斗墙；

2）毛石砌体；

3）砖薄壳、双曲砖拱、筒拱及承受侧压力的砌体；

4）在解冻期间可能受到振动或其他动力荷载的砌体；

5）在解冻期间不允许发生沉降的砌体；

6）混凝土小型空心砌块砌体。

（2）冻结法的工艺要求

1）为了保证砌体在解冻期间对强度、稳定性和均匀沉降的要求，在解冻期应验算砌体强度和稳定性，可按砂浆强度为零进行计算。

2）当日最低气温高于或等于-25 ℃，对砌筑承重砌体的砂浆强度等级，应按常温施工时提高一级；当日最低气温低于-25 ℃时，则提高二级。

3）砂浆使用时的最低温度应符合表8.2的规定。

表8.2 冻结法砌筑时浆最低温度

室外空气温度/ ℃	砂浆最低温度/ ℃
0～-10	10
-11～-25	15
<-25	20

4）当设计无规定时，宜采取下列构造措施：

①在楼板水平面位置墙的拐角、交接和交叉处应配置拉结筋，并按墙厚计算，每120 mm配1ϕ6，其伸入相邻墙内的长度不得小于1 m，在拉筋末端应设置弯钩。

②每一层楼的砌体砌筑完毕后，应及时吊装（或浇筑）梁、板，并应采取适当的锚固措施。

③采用冻结法砌筑的墙与已经沉降的墙体交接处，应留沉降缝。

（3）冻结法施工注意事项

为保证砌体在结冻期间的稳定性和均匀沉降，施工操作应遵守下列规定：

1）采用冻结法施工时，应按照"三一"砌筑方法，对于房屋转角处和内外墙交接处的灰缝应特别仔细砌合。砌筑时一般采用一顺一丁的砌筑方法。

2）对未安装楼板或屋面板的墙体，特别是山墙，应及时采取临时加固措施，以保证墙体稳定。

3）跨度大于0.7 m的过梁，应采用钢筋混凝土预制构件。跨度较大的梁、悬挑结构，在砌体解冻前应在下面设临时支撑，当砌体强度达到设计值的80%时，方可拆除临时支撑。

4）在门框上部应留缝隙，其宽度：在砖砌体中不应小于5 mm，在料石砌体中不应小于3 mm。

5）砖砌体中的洞口和沟槽等，宜在解冻前填砌完毕。

6）在解冻前，应清除施工现场剩余的建筑材料等临时荷载。

7）在解冻期间，应经常对砌体进行观测和检查，如发现裂缝、不均匀下沉等情况，应分析原因，并立即采取加固措施。

值得注意的是，随着经济和技术水平的发展，我国北方地区已极少采用冻结法施工，因此，行业标准《建筑工程冬期施工规程》（JGJ/T 104—2011）和《砌体结构设计规范》（GB 50003—2011）都取消了砌体结构冻结法施工的内容。

3.暖棚法

暖棚法是在砌筑现场搭设暖棚，棚内生火取暖，砌体在暖棚内施工。暖棚法适用于地下工程、基础工程以及量小又急需砌筑使用的砖体结构。

砂浆使用温度应符合下列规定：

（1）采用暖棚法施工时，块材和砂浆在砌筑时的温度不应低于5 ℃，距离所砌的结构底面0.5 m处的棚内温度也不应低于5 ℃。

（2）在暖棚内的砌体养护时间，应根据暖棚内温度，按表8.3确定。

表8.3 暖棚法砌体的养护时间

暖棚的温度/ ℃	5	10	15	20
养护时间/h	≥6	≥5	≥4	≥3

4.其他的冬期施工方法

砌体工程的冬期施工方法还有蓄热法、快硬砂浆法。

（1）蓄热法一般适用于北方初冬、南方的冬期，夜间结冻白天解冻，温度变化不大的地区。利用这个规律，将砂浆加热，白天砌筑，每天完工后用草席将砌体覆盖，使砂浆的热量不易散失，保持一定温度，使砂浆在未受冻前获得所需强度。

（2）快硬砂浆法是砂浆水泥采用快硬硅酸盐水泥，一般可采用配合比为1∶3的快硬砂浆，并掺加5%（占拌和水重）的氯化钠。该方法适用于荷载较大的单独结构，如砖柱和窗间墙，快硬砂浆硬化和凝固很快，因此必须在10~15 min内用完。快硬砂浆可以在-10 ℃左右继续硬化和增长强度。

冬期施工中采用哪一种施工方法较好，要根据当地的气温变化情况和工程的具体情况而定，一般以采用掺盐砂浆法或蓄热法为宜，严寒地区宜用冻结法。

第二节　雨期施工

雨期来临，对砌筑工艺来说，将会增加材料的含水量。雨水不仅使砖的含水率增大，而且使砂浆稠度值增加并易产生离析。用多水的材料进行砌筑，砌体中的块体可能发生滑移，甚至引起墙身倾倒，饱和水可能使砖和砂浆的黏结力减弱，影响墙的整体性。

一、雨期施工的特点

(1)不确定性。由于科学技术的限制，气象部门并不一定能及时提供准确的预测服务，暴雨山洪等恶劣气象往往不期而至，这就需要雨期施工的准备和防范措施及早进行，有备无患。

(2)突击性。雨水及其地面积水对建筑结构和地基基础的冲刷或浸泡有严重的破坏性，必须迅速及时地防护，才能避免给工程造成损失。

(3)雨期对室外施工(如土方工程、屋面工程等)将造成极大影响，为保证工程的顺利进行，应事先有充分估计并做好合理的施工安排。

二、雨期施工的施工组织要求

(1)编制施工组织计划时，要根据雨期施工的特点，将不宜在雨期施工的分项工程提前或拖后安排。对必须在雨期施工的工程制定有效的措施，进行突击施工。

(2)合理进行施工安排。做到晴天抓紧室外工作，雨天安排室内工作，尽量缩小雨天室外作业时间和工作面。

(3)密切注意气象预报，做好防汛准备工作，必要时应及时加固在建的工程。

三、雨期施工的施工准备

(1)现场排水。施工现场的道路、设施必须做到排水通畅，尽量做到雨停水干。要防止地面水排入地下室、基础、地沟内。要做好对危石的处理，防止滑坡和塌方。

(2)原材料、成品、半成品的防雨。砖或砌块，应堆放在地势高的地点，并在材料面上平铺两三皮砖作为防雨层，有条件的可覆盖芦席、苫布等，以减少雨水的大量浸入。砂子应堆在地势高处，周围易于排水。水泥应按“先收先发”“后收后发”的原则，避免久存受潮而影响水泥质量。木门窗等易受潮变形的半成品应在室内堆放，其他材料也应注意防雨及材料四周排水。

(3)在雨期前应做好现场房屋、设备的排水防雨措施。

(4)备足排水需用的水泵及有关器材，准备适量的塑料布、油毡防雨材料。

四、雨期施工的工艺要求

(1)宜用中粗砂拌制砂浆,稠度值要小些,以适应雨天砌筑。

(2)适当减少水平灰缝的厚度,皮数杆划灰缝厚度时,以控制在 8~9 mm 为宜,减薄灰缝厚度可以减小砌体总的压缩下沉量。

(3)运输砂浆时要防雨,必要时可以在车上临时加盖防雨材料,砂浆要随拌随用,避免大量堆积。

(4)收工时应在墙面上盖一层干砖,防止突然的大雨把刚砌好的砌体中的砂浆冲掉。

(5)每天砌筑高度也应加以控制,普通砖砌体要求不超过 2 m,小型空心砌块不宜超过 1.2 m。

(6)雨期施工时,应对脚手架经常检查,防止下沉;对道路等采取防滑措施,确保安全生产。

第三节　高温期间和台风季节的施工要求

沿海一带夏季炎热,水分蒸发量大,与雨期相反,容易使各种材料因干燥而缺水。过分干燥对砌体质量亦不利。加上该时期多台风,因此在砌筑中应注意以下几方面,以保证砌体质量。

砖在使用前应提前浇水,浇水的程度以把砖断开观察,其周边的水渍痕达 20 mm 左右为宜,砂浆的稠度值可以适当增大些,铺灰时铺灰面不要摊得太大,太大会使砂浆中水分蒸发过快,因为温度高蒸发量大,砂浆易变硬,以致无法使用造成浪费。

在特别干燥炎热的时候,每天砌完墙后,可以在砂浆已初步凝固的条件下,往砌好的墙上适当浇水,将墙面润湿,有利于砂浆强度的增长,对砌体质量也有好处。

在台风时期对砌体不利的是在砌体尚不稳定的情况下经受强劲的风力。因此在砌筑施工时要注意以下几个方面:

(1)控制墙体的砌筑高度,以减少悬壁状态的受风面积;

(2)最好四周墙同时砌,以保证砌体的整体性和稳定性;

(3)控制砌筑高度以每天一步架为宜;

(4)为了保证砌体的稳定性,脚手架不要依附在墙上;不要砌单堵无连系的墙体、无横向支撑的独立山墙、窗间墙、高的独立柱子等,如一定要砌,应在砌好后加适当的支撑,以抵抗风力。

参考文献

[1]中国建筑东北设计研究有限公司. 砌体结构设计规范:GB 50003—2011[S].北京:中国计划出版社,2012.

[2]陕西省建筑科学研究院.砌体结构工程施工规范:GB 50924—2014[S].北京:中国建筑工业出版社,2014.

[3]中国建筑材料联合会.烧结多孔砖和多孔砌块:GB 13544—2011[S].北京:中国标准出版社,2012.

[4]中华人民共和国住房和城乡建设部.砌体结构工程施工质量验收规范:GB 50203—2011[S].北京:中国建筑工业出版社,2012.

[5]金萃.砌体结构施工[M].北京:北京理工大学出版社,2017.

[6]刘孟良.砌体结构工程施工[M].重庆:重庆大学出版社,2014.

[7]周和荣.砌体结构工程施工[M].北京:化学工业出版社,2011.

[8]杨庆丰.砌体结构工程施工[M].北京:高等教育出版社,2016.

[9]袁帅.砌体结构工程施工[M].北京:北京理工大学出版社,2017.